风云尺五天

——福建省九仙山气象站站史记

张加春◎编著

气象出版社
China Meteorological Press

图书在版编目（ＣＩＰ）数据

风云尺五天：福建省九仙山气象站站史记 / 张加春
编著. -- 北京：气象出版社，2024.2
　　ISBN 978-7-5029-8166-2

　　Ⅰ．①风… Ⅱ．①张… Ⅲ．①气象站－历史－福建
Ⅳ．①P411

中国国家版本馆CIP数据核字(2024)第050229号

风云尺五天——福建省九仙山气象站站史记
FENGYUN CHIWUTIAN——FUJIAN SHENG JIUXIAN SHAN QIXIANGZHAN ZHANSHI JI

张加春　编著

出版发行：气象出版社

地　　址：北京市海淀区中关村南大街 46 号　　**邮政编码**：100081
电　　话：010-68407112（总编室）　 010-68408042（发行部）
网　　址：http://www.qxcbs.com　　　　**E-mail**：qxcbs@cma.gov.cn
责任编辑：王萃萃　郑乐乡　　　　　　　**终　审**：张　斌
责任校对：张硕杰　　　　　　　　　　　**责任技编**：赵相宁
封面设计：陈　晞
印　　刷：北京建宏印刷有限公司
开　　本：787 mm×1092 mm　1/16　　　**印　张**：16.25
字　　数：326 千字
版　　次：2024 年 2 月第 1 版　　　　　**印　次**：2024 年 2 月第 1 次印刷
定　　价：160.00 元

编写人员及单位

编　著：张加春

参　编：陈　晞　邹燕惠　杨庆波　赵惠芳

编写单位：福建省泉州市气象局

　　　　　福建省德化九仙山气象站

顾　问（按姓氏笔画排序）：

　　　　　邓纪坂　叶宾宾　苏文元　李良宗　连明发　肖再励

　　　　　陈为德　陈孝腔　林玉仙　林良成　周振樟　黄卫国

　　　　　颜进德　糜建林

序一

"山，气象志士扎营盘。七十载，业绩永流传。"这首小令是我细细品读激情洋溢而笔触细腻的《风云尺五天——福建省九仙山气象站站史记》（以下简称《站史记》）后油然而生的肺腑之言。

九仙山气象人是平凡的群体，更是非常敬业的团队。他们身居高山，远离喧嚣，环境恶劣，住行艰难。但先后几代人始终无怨无悔，爱岗笃行，他们深知九仙山站特殊高度层资料对于气象预报和军民航安全的重要意义，乃日复一日，年复一年，全天候监测气象诸要素并准点编报发送，忠实地履行国家基本气象站职责。不管刮风下雨、电闪雷鸣，不顾身体有恙、家有挂牵，他们始终坚守在观测场上和值班室里，在平凡的岗位上创造了不平凡的业绩。

《站史记》通过多方走访、回忆，从如烟往事中发掘出许多感人事迹，生动展现了中国气象人"扎根高山、艰苦奋斗、爱岗敬业、甘于奉献"的气象优良传统，铸就了牢记初心的光彩照人的福建气象丰碑。正因为有这样的信念坚守，才会涌现出在测站横滚雷触目惊心肆虐之际，仍义无反顾准点冲上观测场执行观测任务而被雷击牺牲的赖开岩同志（中国的第一位气象烈士）；才会有被中国气象局表彰的以站为家、两度主动请缨上山工作长达36年的林玉仙老站长……在九仙山工作生活过的同志们回忆起当年艰苦而难忘的岁月，无不深情留恋和引为自豪。这样的优良基因传承，鼓舞和鞭策着新一代气象人不断续写站史新篇章。

我曾因职责所系，多次登访九仙山：陪省政府领导上山视察；临近"两节"（元旦和春节）慰问艰苦台站；参与山顶防雷工程的技术论证；为解决职工因孤悬山头无法创收而待遇比山下其他台站有显著差距的现实问题，我约同泉州市气象局吴南国局长在山上现场办公，做出了由省、市气象局对半承担的解决方案……我体会到，只要是送温暖、办实事，这群可亲可敬的人不仅倍受鼓舞，也愿意与我促膝谈心，我也从他们朴实无华的言行中感受到他们那颗热爱事业、热爱生活的赤诚之心。

国力在快速增强，时代在不断进步。在各级领导［包括中国气象局、省（市）气象局和地方政府领导］的大力关怀支持下，如今的九仙山气象站，站容站貌

杨维生先生在九仙山上的留影

已是今非昔比，焕然一新，业务内涵与技术装备现代化也有很大提升。但我坦言之，无论生活条件和技术手段如何向好，九仙山优良传统的核心——艰苦奋斗、甘于奉献，一定要不断发扬光大，这是我们持续砥砺前行的不竭动力，也是《站史记》给我们的深刻启示。

杨维生

2023 年 12 月 26 日

杨维生先生：福建省气象局原局长、福建省政协人口资源环境委（第十届）副主任。

序二

　　《站史记》的完编，很令人高兴，也实不容易。这份不容易，我的感觉至深。我是20世纪60年代上山的老同志，在山上工作三十多年，曾两度上山工作，从20世纪60年代到21世纪初均在山上待过，年代跨度长，历经的事情相对较多。为考究各种细节，加春同志常来联系，我俩常"煲电话粥"，微信畅聊。一周前，加春来电，邀我以老同志身份为书写序壮威，不必有文采不好等顾忌。其诚恳之心，教人不忍相却，乃欣然应允。

　　《站史记》书名《风云尺五天》让我感到格外亲切。"尺五天"是九仙山山顶的一块古老石刻，气象站的观测场就建于其上。观测风云变化是九仙山气象站的主要工作任务，观测员常年与风雪雷电相伴，因此也被称为"风云"哨兵。建站后的几十年里，九仙山气象站实行每天24小时守班，也即无论白天黑夜，都要踏进这片坚实土地，观测员与"尺五天"自是日夜相伴、相融一体而难舍难分。

　　历史总是会随着时间的流逝而湮灭，因此，文字是保留历史的最好载体。《站史记》挖掘与记录了山上的点点滴滴，它就像一幅长长的历史画卷，还原了建站以来业务发展和台站建设的艰苦旅程和难忘的岁月，体现了党和政府对高山艰苦台站的殷切关怀之情，展现了一代代九仙山气象人战胜高山特殊地理环境、恶劣气候和艰苦工作生活条件所带来的种种困难的无比的坚强意志，以及努力做好本职工作的团结协作精神风貌。

　　读《站史记》，让我再一次回到了九仙山这一永生难忘的地方。往事历历在目：赖开岩烈士的英雄壮举，大家为家属在站里接生小孩的紧张情景，值夜班被毒蛇咬伤的陈天送同志被抬下山救治的一路坎坷……当年山上工作生活的酸甜苦辣，仿佛就在眼前。

《站史记》披露了 20 世纪 50 年代建站时的情景，这是我第一次才知道的往事。读记方知，自己所经历的这些磨难只能算是凤毛麟角了。《站史记》记录的 1955 年 9 月上山工作的周希明同志，他珍藏的建站初期的老照片，让我第一次看到了老前辈们的风采。他们当年都很年轻，来自五湖四海，为了气象工作远离亲人、远离家乡而相聚在九仙山。我想第一批上山的同志一定很忙，首先要安装观测仪器、架设天线、调试电台，做好 10 月 1 日正式观测发报前的各项准备工作，同时还要砍柴挑水、徒步下山买米买菜、采购煤油、煤油灯、手电筒、电池等照明物资，做好生活后勤保障。不管条件多么艰苦，老前辈们都始终坚守工作岗位，为国防建设和经济建设提供和积累宝贵的气象资料，也给九仙山气象站留下"艰苦奋斗、甘于奉献"的宝贵精神财富。

加春同志曾经两次为九仙山气象站撰写先进事迹材料，这次又接受编写九仙山站史的繁重任务。一年来，他和编写组的同志们一起，查找了大量资料，拜访了许许多多同志，收集到许多鲜为人知的文件、照片、视频和感人事迹；邀请了老前辈周希明等同志回站里做客，看一看新建的大楼，走一走观测场熟悉的小路，追忆往昔细节；加春同志还利用去北京参加网球比赛的机会，看望中国气象科学研究院的钟光荣、高冠全、卞定玉同志，了解他们当年来山上建设风力发电情况……为了写好九仙山站史，编写组的同志们真是尽心、尽情、尽力了。

我高兴地看到九仙山气象站的工作和生活条件大大改善，地面观测实现自动化。但是，高山地理环境不会改变，其恶劣气候也不会改变，前行的路上还会有暴风雨，还要迎接各种困难的挑战。我相信，全站同志一定会发扬站里的好传统，争创佳绩，报答党和政府的关怀，报答各级领导的关心。

2024 年 3 月 9 日

林玉仙同志：九仙山气象站原站长，现已退休。

自序

"挖金"记

真金不怕火炼，并非金子不可烧化，乃指金子不易与其他物质发生化学反应而体现出的极高化学稳定性，即金子的抗腐蚀能力强，故不必担心会被氧化变色，就算火烧，也不会和空气反应，金光依然闪闪，而比金子的熔点高很多的铁等金属，则易与空气反应而变色。金子故乃为世人所追崇。

戴云山出金子，此非虚言。

戴云山位于福建中部，自远古以来，历经地壳断裂、岩浆活动、火山爆发的强烈影响，使得富含各种矿物的火山岩裸露于世而展延至今，其中德化北部的葛坑和杨梅两个乡镇的金矿较为丰富。

当地乡民根据金子的比重比泥沙、石头大很多而不易被水冲走的原理，在河流中日夜筛淘矿土而得金子。20世纪80年代末至90年代初，是淘金的高峰期，后来政府管控才被遏止。

据称，当年因金子而破产者众，但也不乏致富人。富者乃善挖人，集沉稳、耐心、坚毅、学识于一身也。

金子最受追崇的特性乃其经风雨而不腐之奇能。也是在戴云，山脉中的一座荒凉的小山峰——九仙山，1955年气象站选此而建。近70年来，在水电双缺、路无人稀、雷雾笼罩、蛇兽四伏的环境之下，气象站人一路坎坷顽强走来，观风测雨不辍，其艰难几何，悬念多多，揭之当需集挖金人之勇气、毅力与学识。

经长年积淀，九仙山气象站形成了"扎根高山、艰苦奋斗、爱岗敬业、甘于奉献"的优良传统而为国人所敬仰。为更好地展现这份荣誉，2023年初，单位

拟建站史馆，以再现这段辉煌的艰难历史。承蒙单位领导叶宾宾局长的信任，本人承接了这项光荣而艰巨的任务。

有故事的历史才有"嚼头"生趣。如何生动反映在"鸟不拉屎"的恶劣地方扎根、体现实实在在的优良传统，最好的切入点是通过解读一系列的气象数据，让"冰冷"的数据开口说话，以实时的数据再现恶境对于山上人吃喝拉撒、衣食住行、工作过程、日常消遣等等一切的全方位影响，由此再现山上人的聪明应对之智及积极的人生态度。

查找文献和寻找当事人是追溯历史的两条必由之路。可是，往事如烟。想还原1955年起的历史，几乎是天方夜谭：山上人员流动频繁，若20世纪50、60年代在山上工作的当事人还健在，则至少也有80高龄；山高无径，光临的媒体人必寥寥无几，且早期私人相机为稀罕物，能获文献与照片自是不敢奢望。一切似乎都很茫然。

但，本人还是率编史组人员，"硬着头皮"，毅然踏上了"寻金"之路。

功夫不负有心人。几经周折，终于从通讯录中找到了仍健在的现居于宁德的周希明老先生。搜史"大戏"由此拉开帷幕。

据老人家回忆，1954年9月被部队招生到长春通信学校学报务，享受部队发军装等待遇，1955年9月—1957年6月在山上工作，由于气象部门已经于1954年转为地方管辖，就不再享有军人待遇。在山上虽然不到两年，但对山上情深，近70年前的照片一直珍藏至今，才让我们有幸看到了当年设站时的房子和工作情景，这在文中多次提及。

诚意足，万事成。编史组及时制定了"请进来，走出去"的工作方式，事实证明颇为有效。

邀请老同志上山，进展相当顺利。

2023年8月11日，老人家在其孝顺儿子周飒同志的陪伴下，驱车几百公里上山重温故地，也算是了却了一番心思。右图为笔者与周老先生在测站下方附近灵鹫岩寺的合影，他紧挽我手真情

2023年8月11日作者与周希明老先生在灵鹫岩寺前的合影

涌，我感到了这股热流。

2023 年 3 月 21 日，邀请了老站长林玉仙和老同志连友朋上山（下图），寻找当年的岁月痕迹。纯朴忠厚的老站长林玉仙是一位老九仙人，分别于 1967—1986 年、1992—2010 年两度上山工作，现居莆田市。老林提供了大量鲜为人知的站史，无数次的电话和微信联系，深刻心间的 30 多年时光往事尽知于我，我感到了其中的情怀，并深受鞭策，更赐我以编写的信心和力量。

2023 年 3 月 21 日林玉仙和连友朋两位老同志上山留影

气象站建在九仙山主峰上。主峰像一个破土而出的巨笋，直抵蓝天，"笋尖"与天的距离"很近"，故前人在南侧崖壁上，留下"尺五天"三个大字。后来人们把主峰也称为"尺五天"，1955 年建气象站时，三个字被炸掉一半。20 世纪 90 年代初，著名学者、复旦大学蔡思尚教授在"尺五天"旁边的巨石上留下"九仙山"墨宝（右图）。

2023 年 5 月 9 日邀请老站长周振樟和老同志陈能夺上山，下页上图左为辨认当年取水水坑情景。

70 多岁的周老身手依然敏捷（下页上图右），跳下观测场南端围栏指认已被灌木掩盖了的残存的"尺五天"石刻。"尺五天"三字遂入脑海，让我喜爱难当。查百度知其意有二：一是形容离天很近，尺五即 1.5 尺 *，半

九仙山气象站

---

* 一尺五，1.5 尺。1 尺 ≈ 33.33 厘米（cm）。

米，"手可触天"；二是比喻离帝王很近，天，在我国古代特指皇帝。

2023 年 5 月 9 日周振樟和陈能夺两位老同志上山

在"近天"的地方工作，传递"上天"的信息于地上人间，这需要非凡的胆魄与学识，更需要一份天使般的情怀，于是，"尺五天"三字成为书名则再恰当不过了。

2023 年 11 月 16 日，退休老同志陈跃进应邀前来单位，他是我单位的电子和设备维修方面的高手，做事一丝不苟，是 20 世纪 80 年代以来上山最多的泉州市气象局技术高手，通过介绍，也让我进一步领悟到山上作为通信中继站的优越条件。老陈还从网上淘来两个老式的已损坏的手摇电话机，经自己修理后实现两机通话，再现了当年工作通话情景，并捐赠给未来的站史馆。

2023 年 11 月 16 日陈跃进同志送来维修好的电话机

老者一身故事多，心诚不愁无宝挖。对于老同志，除了诚挚相邀，上门拜访不可少。

2023 年 4 月 12 日，本人率队奔赴德化县城拜访邓纪坂老先生（其在山上时间为 1962 年 12 月—1973 年 4 月）。邓老先生是文人，书稿颇丰，在 2021 年出版的《追忆年华》一书中，真切记录下当年在山上工作与生活的情景，图文并茂，情真意切。

邓纪坂老先生出版的书籍

2023 年 5 月 31 日，由本人、陈晞、邹燕惠组成的搜史组首站奔赴石狮蚶江的老同志洪家单的家，洪老回忆一次遭遇球形雷的情景，绘声又绘色。

2023 年 5 月 31 日搜史组拜访老同志洪家单

2023 年 6 月 29 日，搜史组一行驱车到厦门气象局宿舍区，老站长庄栋生同志早早地坐在路边等我们。在家里，找到几张当年图片，一直惋惜几次搬家时弄丢了图片和物品，他老伴回忆当年在山腰水坑洗衣情景，证实了水坑水量的充足，还提到上厕所时看到与昂首长蛇瞪眼相视的恐怖情景。

2023 年 6 月 29 日搜史组到厦门拜访老同志庄栋生

老庄还拿出了1978年10月20日国家领导人会见全国气象部门"双学"代表会议全体代表的合影照片，骄傲与自豪写满脸上。

6月29日下午，搜史组赶赴漳州。黄义发、欧阳再根及李良宗三位20世纪80年代上山的老同志，描述当年工作情景，仿如眼前。

他们在解决发电和抽水方面发挥了聪明才智，解决问题的主动性高，欧阳再根此后还找来了珍藏的装电话机的背装外盒。当电话线断线时，工作人员背上电话机，沿山路检查断线的位置，接上电话机先与报房通话发报，再修复线路。根据业务规定，碰到断线而无发报，不算错情，即不会挨批评，但大家并不会心安理得地让问题存在，这就是"老九仙"的脾气。

2023年6月29日下午搜史组到漳州拜访老同志

6月30日下午，搜史组继续南下到与广东交界的诏安县气象局，拜访20世纪60年代上山的谢林光老先生（下图），如今也是80多岁的人了。当年在山上自己动手做的小木箱以及一块现值2000元的瑞士罗当尼亚名表也毫不犹豫地让我们带回山上。

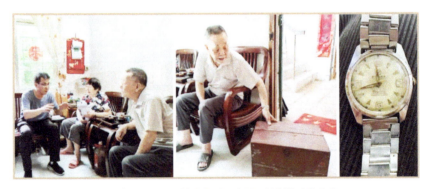

2023年6月30日搜史组到诏安县拜访谢林光老先生

8月5日临近中午，骄阳似火的惠安县东桥镇，1967—1972年在山上工作的庄宗平老先生，骑上摩托在村口早早迎接我，也是对于屡次搬家弄丢在山上时的物品满怀惋惜，好在还存着乐都和青岛牌两块旧名表，全让我带走，还送了一袋自家种的花生。

2023 年 8 月 5 日本人拜访庄宗平老先生

5 月 27 日和 7 月 2 日，本人两次到惠安县城顺便拜访副站长林良成同志。老林也分别于 1967—1985 年、1991—2009 年两度上山工作，30 多年的美好时光尽留山上。做事一向认真细致的老林，向我披露了很多不为人知的往事细节。在老林家，找到 20 世纪 60、70 年代发报等珍贵照片，还让我带回一些老物品。我还享受到久违的惠安甜羹子粽，那是惠安人往年最美的佳肴，只有端午节这一特殊日子才可享受。因为本人是惠安人，乃记忆犹新。

2023 年 7 月 2 日本人拜访林良成先生

2023 年 10 月 30 日，利用到北京参加全国气象部门网球比赛之机，在中国气象局学员宿舍内的小花园里拜见 1978 年上山装风力机的高冠全、卞定玉、钟光荣三位老同志（下图左起），可惜的是当年一同上山的杨玉昆、杨恩培两位老同志已过世。

2023 年 10 月 30 日，本人到北京拜访高冠全、卞定玉、钟光荣三位老先生

　　说起当年事，尽显满满的自豪感。高老至今仍记得大老鼠在木墙内不知道为何整夜打架的情景；卞老则说当时在修路，上下山只能走北坡；老钟则很佩服山里的女挑夫脚力足，空手的他们也追不上。回忆起当年的发电效果，钟老一直深表不满意。可是，能解决照明和蓄电难题，在当时已是相当不易了。上图右为 1985 年在山上的钟老，举止谈吐温文儒雅。

　　山上老同志，个个热心人。

　　老同志颜进德多次主动前来办公室讲述山上的故事，有次讲多了竟然差点忘了去接孙子。老颜还多次陪我上山，在密林中寻找当年的水坑，还找到一块刻于 1978 年 5 月 8 日的"向九仙山同志学习"石碑，文字为原中央气象局装风力机的钟光荣同志草拟，老同志洪家单锤打刻上；还找来一双当年的水鞋。老颜是山下赤水镇区人，其家曾是上下山同志的歇脚地。

2023 年 5 月 9 日老同志颜进德上山

　　在"九仙山站史馆文稿讨论群"微信群里，大家踊跃提供各种信息，讨论分析各种细节，毕竟时光流逝已久，难免有出入，认真的态度让我看到了"老九"们（九仙山气象人的爱称）往日的认真风貌。

　　如，20 世纪 80 年代以来，山上房子多次变迁，连明发同志用电脑绘制各时期房子分布图；张金超、苏文元、徐才华、王行松、姚新锋、阮金富等同志翻找 20 世纪 90 年代照片和解读其中细节，还有很多人，请恕未能一一细述。

　　在这里，应该大书特书以下六位热心人：原中央气象局气象科学研究院（简称气科院）钟光荣同志，福建省气象局的糜建林、陈孝腔、张华琳、肖再励和泉州市图书馆的许培婷同志。

　　（1）钟光荣同志是中央气象局气科院的工程师，为解决山上无电困局，曾先后四次上山。首次在 1978 年 4 月，在观测场南端建成风力发电机；1985 年在测站北侧又建一个。在穷困的 20 世纪 70—80 年代，相机罕见，且主要是黑白相机，难得的是，老钟是个摄影迷，在家自设冲胶片暗室，于是留下了大量珍贵的照片，20 世纪 80 年代的彩色照片他也提供不少，这些照片为山上留下了珍贵的记忆，更给当时的人们带来了无尽的欢乐。老钟还提供了一些有趣的往事（请见文后）。有了这些年代的照片及老钟的积极线索提供，我的心一下子得到了提振——连已过去近 50 年、远在北京的"外人"都如此上心，则所从之事必会得助。事实证明，果然如此。

老钟所保存的胶片

（2）已退休的糜建林同志是福建省气象局通信业务好手和摄影"大咖"，20 世纪 80 年代，屡次上山安装调试高频等通信电话和气象自动站设备，为山上沐浴科技之光倾注心血，同时还耐心地向本人讲解通信知识，避免文中出差错，堪为良师。山上的特殊风光引人迷，老糜以酷爱的摄影技术留住了山上的点点滴滴，为还原山上历史立下神功。其张张美照为摄影"大咖"所难比拟，堪称"咖中咖"。

（3）1989—1994 年上山的陈孝腔同志是个电脑迷，肯动脑筋爱钻研，他注意到了平时高频或电话口播发报所存在的可能口误或听误的弊端，之后潜心研究出利用 PC-1500 袖珍计算机实现编报和发报（到对方的电传机或计算机）的"一条龙"工作技术，其钻研精神给我留下至深印象，成为我学习的榜样。

（4）省气象局防雷中心的退休领导肖再励同志也是热心人，他曾为山上防雷彻底改造工程呕心沥血，特别是 2003—2005 年期间，率队长期驻守上山施工，并留下许多宝贵的施工现场照片，也是还原山上房子布局的珍贵来源。当然，我也从中学到了一些防雷常识，他也是好老师。

张华琳等同志查阅资料情况

（5）福建省气象局档案馆的张华琳同志，负责福建省所有台站历史观测资料的收藏与管理，资料数量之多以盈千累万也不足以形容，山上所发生的诸如出问题或谁上山时的天气资料佐证，其翻找无异于"大海捞针"，但华琳同志尽一切可能及时找来，心甘情愿，丝毫未见"事不关己高高挂起""多一事不如少一事"陋习，体现了年轻人的担当。

（6）泉州市图书馆的许培婷等同志更是政府部门服务社会的好典范。很多早期媒体的文字和图片资料是我们根本无法找到的。小姑娘们愉快地接受了本人的求助，她们搬来一大摞资料一一查找，通过电脑搜索海量文献，搜查到的资料更超出了我的预期，挖到的关于九仙山的宣传文字报道甚至远至 1966 年的《泉州报》、1972 年 8 月 14 日的《福建日报》、1973 年新华社图文报道、中国新闻社福建分社原副社长、摄影家赖祖铭先生发表于 1979 年的《福建画报》、2006 年的《人民日报》、德化文史资料……虽然只是萍水相逢，但她们给予了热情的帮助，也展现了图书资料搜查的专业水准。真可谓：好事不分部门内外。

泉州市图书馆许培婷等同志查阅资料情景

搜史组走进对面戴云深山，察看地质地貌、岩石结构，观雄峻山川、蹚密林陌径，深山"戴云山红色记忆馆"则记录了 20 世纪 50、60 年代紧张的社会环境，由此体悟选址九仙山的必然。

2023 年 5 月 9 日搜史组参观"戴云山红色记忆馆"

搜史组还到赤水镇街头，向当地百姓了解早期山上人到镇区的活动状况，可以感觉到，山上山下彼此友善、相处和谐。

2023 年 8 月 11 日搜史组到赤水镇区采访

当然，并非一切努力均会有结果，但其中的真诚不能忘却。

山上现存的两间旧房子为惠安军用机场（成立于 1951 年）所建，机场相关领导开展了老兵追寻行动，依官兵名字、军衔、籍贯等查寻当年参与建房的人员，暂无果。

寻访 1955 年承建气象站的福建省五建建设集团有限公司，党宣部负责人介绍了成立于 1951 年的该公司具有特别能战斗的光辉历史。解放初期，部队工程具有军事保密属性，因此部队工程主要由该公司承建，当时在短短的 3 个月时间里，完成了如此艰巨的任务。赤水乡有 130 多名民工参与建设（《赤水镇志》编纂委员会，2011）。

笔者到福建省五建建设集团有限公司（图左）和榜寨村（图右）采访

最后，还要感谢：福建省气象局宣教中心刘秀芳主任以及遵其命到福建日报社查找以往上山记者姓名的先生；福建省气象局原局长、省政协人口资源环境委（第十届）副主任杨维生先生为本书写下热情洋溢的序文；福建省气象局原局长董熔先生提供了有趣的往事和新楼改造的点点滴滴；福建省气象局邓志副局长的老物品和宝贵的指导意见；福建省气象局原纪检组长陈彪先生字斟句酌文稿，并提出了很多宝贵的意见和新线索；福建科衡律师事务所的白奇龙先生（1978 年帮忙建路的省计委基建处的已过世的白瑞川同志之子，安溪县龙门镇榜寨村人）提供的老物品藤椅。2023 年 11 月 28 日，搜史组到白老先生老家寻访，其堂弟提及很多白先生热心桑梓的往事；中国气象报社的冉瑞奎先生，通过很多人找到中央电视台于 2005 年 5 月 8 日所播的《危情时刻——雷击九仙山》纪录片，这是实景拍摄山上惊心动魄雷暴场景的唯一一部片子，时间长达 28 分钟，两位中央电视台实习记者（蓝明红、赵伟峰）于 2005 年 3 月 22 日上山采访闻名的九仙山雷暴，恰好当天下午 4 时 45 分飑线（一种强雷暴）过境，片中的雷暴实景和讲述的故事为宝贝……还有很多的幕后工作，需要感谢的实在是太多了，虽未能一一提及，但深藏我心。

以上只是"搜史淘金"的一些片段，山上的现有每一个工作人员更是"淘金"的主力军：查台站记录、整理文稿、收集照片、收拾老物品等等。大家的努力彰显集体的力量强大无比。

九仙山气象工作人员整理资料情景

"众人拾柴火焰高"。如今，站史资料几近完成，所挖"真金""盆满钵满"。有此收获，与大家的一片深情密不可分：因为有情，才会记忆深刻不忘却，才愿意倾囊相赠无保留。

寻"金"旅程中，一念头涌心头，那就是：做事专注无他念，艰难困苦若敝屣，乃有才干、有抱负者之标配，此为山上人特质，必山之仙气使然，故仙山非寻常之圣地也。

再一次诚挚感谢山上人，感谢我见过和不曾谋面的所有人，是你们赐予我力量、信心、勇气和智慧，是山上所散发的金光照亮我前行旅途，这道金光也许就是"高山奉献精神"之荣光吧？！

黄金宝地九仙山，铸就英雄神仙地。山上的每个细节，都可以是迷人的故事，都足以为人所迷，都可以成为一股催人奋进的精神暖流，如金珍贵。

行文至此反倒惴惴不安，生怕有误、遗缺、疏漏，担心笔拙而失山上应有成色，于此诚恳求谅，则感谢之至。

张加春

2024 年 1 月

前言

　　忆往昔峥嵘岁月，谱时代华彩新章。自1955年国庆节这一特殊的日子起，九仙山气象站开启了一段荡气回肠的风雨旅程。在这里，气温低、风力大、云雾浓、雷电猛的天气，如解不开的枷锁，考验着一代又一代高山气象人的意志与智慧。扎根于此不动摇，既有对事业的无限热爱，更与各级党政和人民的关爱与激励难分。所赋予的"扎根高山、艰苦奋斗、爱岗敬业、甘于奉献"之"高山奉献精神"殊荣，更是一股奋进的暖流，澎湃不息。

　　重温历史以达薪火相传。本书设计了以下相辅相成的三条创作脉络，努力勾勒九仙山气象史的传奇诗篇和传世价值。

　　首先以建站以来山上工作人员在衣食住行、日常工作等方面如何应对恶劣环境的点点滴滴为脉络，细腻展现实实在在的"高山奉献精神"。

　　其次，针对生活工作条件大为完善而舒适的今天，刻画新一代气象人抓住与"风寒雾雷"零距离相伴的天然环境条件，积极开展高山云物理科研创新工作，为"高山奉献精神"注入新内涵，体现高山创新精神与长存之不朽价值。

　　此外，不动声色地介绍了山上诸事所蕴含的气象知识，体现九仙山的科普传播价值。

张加春

2024年1月

目 录

一

基本站况　风雷雾寒

九仙山气象站始建于 1955 年，海拔高度 1653.5 m，类别为国家基本气象观测站，是目前福建省内唯一有人值守的高山气象站。其主要工作任务是观测天气和将采集数据进行编报与发报。所采集的气象资料除了是重要的天气预报指标外，更是民用和军事航空飞行安全必不可少的"千里眼"。

最新统计建站以来的气象要素表明，这里的年平均雾日 268 d；年平均 8 级以上大风日 155 d，最大风速 41.2 m/s（13 级）；年平均雷暴日 73.6 d，约 2 个多月；历史最低气温 –15.6 ℃，年最低气温低于 0 ℃的日数为 32 d，即一年有超 1 个月的冰冻天气（下表）。

九仙山 1955 年建站以来的主要气象要素情况

月份	降水日数 /d	降水量 /mm	雾日数 /d	大风日数 /d	雷暴日数 /d	最低气温<0 ℃日数 /d
1	12.8	56.1	20	9.9	0.1	10.9
2	14.5	87.5	19	11.8	0.9	7.6
3	20.4	140.7	24	16.9	4.1	3.4
4	19.9	162.1	24	15.6	6.3	0.5
5	18.6	244.0	23	12.3	8.1	—
6	19.9	255.0	25	19.3	10.0	—
7	17.2	177.4	25	15.3	15.2	—
8	19.2	258.7	26	12.8	17.5	—
9	14.2	171.9	23	10.0	9.2	—
10	13.4	77.0	22	11.1	1.7	0.2
11	10.6	61.1	19	10.8	0.3	1.8
12	9.9	45.5	18	9.5	0.2	7.7
合计	190.6	1737.0	268	155.3	73.6	32.1

查阅资料得知，山上只有近 100 d 即 3 个多月的不受恶劣天气困扰的平静天气，或者说每 3～4 d 才有 1 个（天）好日子，雷暴、大风、寒潮、低温阴雨、霜冻、雨雾凇、冰雹、雾、暴雨，这些恶劣天气是山上气候的主旋律，在无路、缺水、缺电的荒凉深山建站并长久工作与生活，其苦非亲历者所能形容，即使在有路、有水、有电的今天，与恶劣环境的一番"较量"仍不可避免。

由于恶劣天气的常年存在，这里也便成为雷电、气象旅游景观等云物理研究的天然理想之地，山上人主动担当，自压重担，迎接新挑战。

领导关怀　如沐春光

虽然九仙山的环境条件差，工作生活艰苦，但是九仙山上的气象人却始终生活在党的温暖怀抱里。各级党委、政府时时关心着高山人的工作生活，努力解决山上的各种困难。在观测场这一方小小的土地上，见证了往日浓浓的关爱情意。

1992 年 1 月 24 日福建省气象局林有年副局长（后排左七）上山慰问

1997 年 1 月 15 日福建省气象局副局长吴章云（后排左四）上山慰问

1997 年 10 月 28 日福建省气象局局长李修池（前排左三）上山慰问

1998 年 7 月福建省委副书记陈明义（后排左七）上山慰问

2000 年 5 月 21 日福建省原省长胡平（前排左三）二次上山慰问

2008 年 7 月福建省气象局局长董熔（后排左五）上山慰问

2018年4月3日中国气象局副局长宇如聪（后排左五）、福建省气象局局长潘敖大（后排左六）上山慰问

2019年1月9日福建省气象局副局长冯玲（后排左六）上山慰问

2019年3月中国气象局计财司司长谢璞（后排左四）上山慰问

2022年元旦福建省委书记尹力（左五）和泉州市委书记刘建洋（左三）上山慰问

2022年7月18日，福建省气象局副局长张长安（后排左七）上山慰问

2022年9月16日福建省省长赵龙（左六）上山慰问

2022年10月13日，福建省气象局副局长邓志（左八）和泉州市气象局局长叶宾宾（左六）上山慰问

2022年10月23日，德化县原县委副书记邱双炯（左四）重回山上

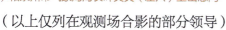

（以上仅列在观测场合影的部分领导）

站史简况　溯本追源

水有源、树有根。九仙山气象站的组织关系隶属（高时彦，2017）变化也烙下了时代的深深印记，为我们提供了了解其诞生、成长的大致历程。

（一）福建气象部门隶属关系沿革

1938 年，在永安成立福建省气象局。

1948 年，福建省气象局改为福建气象所。

1949 年 8 月，福建省政府实业厅和福州军事管制委员会接管旧政府的福建气象所（双管建制），主要为军事服务。当时，福建省处在军事斗争的前线，全省气象台站积极担负拍发天气报、航空危险天气报，并着手开展天气预报业务，在配合解放沿海岛屿、巩固国防方面起到很大的作用。

1950 年 11 月，福建省政府农林厅管辖福建气象所，各地测候所由福建气象所管辖（政府系统建制）。

1951 年 9 月，华东军区司令部气象处管辖各级气象机关（福建军区建制），福建军区司令部情报处气象科接管福建气象所，测候所则改名为气象站。

1953 年 10 月—1970 年 12 月，福建省气象科属于政府系统建制（附录一）。

1954 年 10 月，福建省气象科改为福建省气象局。

1970 年 12 月—1973 年 7 月，福建省气象局属于部队建制（军队系统建制，附录二），隶属福建省军区。

1973 年 7 月—1983 年 4 月，由部队转为政府系统建制（附录三）。

1983 年 4 月至今，气象部门与地方政府双重领导，以气象部门为主。

（二）九仙山气象站隶属关系沿革

1955 年，由福建省气象局直接管理。

1958 年，属德化县人民委员会，由县农业局领导，福建省气象局负责业务指导。

1962 年 9 月，归福建省气象局建制，福建省气象局负责人、财、物和业务指导，其余由当地政府领导，即集中领导、分级管理。

1970 年 11 月，由德化县武装部接管，福建省气象局负责业务指导。

1973 年 9 月，归德化县革委会建制，福建省气象局负责业务指导。

1979 年 12 月，归德化县人民政府建制，福建省气象局负责业务指导。

1983 年 4 月至今，全国实行气象部门与地方政府双重管理、以气象部门为主的管理体制，九仙山气象站隶属泉州市气象局管理，科级单位。

（三）站名变更

1955 年 10 月，九仙山气象站。

1960 年 3 月，九仙山气象服务站。

1963 年 4 月，德化九仙山气象站。

1966 年 1 月，德化县九仙山气象服务站。

1971 年 1 月，德化九仙山国家基本气象站。

2007 年 1 月，德化九仙山国家气象观测站（一级站）。

2009 年 1 月，九仙山国家基本气象站（恢复，闽气发〔2008〕294 号）。

（四）历任站长

历任站长

姓名	时间（年.月）	备注
马文行	1955.5—1955.9	建站总指挥，籍贯江苏泰州，某野战军侦察排排长，抗战老兵，后调到南京空军气象学院、泰州市气象局、泰州市园林部门
王炳熙	1955.10—1957.2	福建省气象局（福建省人民委员会建制），3 人原为福建军区司令部情报处气象科，军人身份
高希曾	1957.3—1958.6	
马传员	1958.6—1960.10	

姓名	时间（年.月）	备注
陈庆忠	1960.10—1973.4	德化第一批义务兵
庄栋生	1973.5—1981.7	副站长，主持工作
林玉仙	1981.8—1986.1	
周振樟	1986.2—1990.2	
李良宗	1990.2—1994.10	
涂金盾	1994.10—1995.3	书记，代理
林玉仙	1995.4—2008.8	
连明发	2008.8—2013.3	
陈为德	2013.3 至今	

四

天降大任　使命荣光

万事皆有因。在无人、无径、无水、无电的深山建站并长期厮守，必有重要缘由。

气象关乎民生与各行各业。在新中国刚刚成立后的 20 世纪 50、60 年代，百废待兴，倍受重视的全国气象站建设有条不紊地展开。1955 年 5 月 20 日，在福建省委书记叶飞的支持下，中央气象局、空军司令部联合发文，在福建增设提供每小时航空天气报的 10 个观测站，九仙山站为其中之一。福建省气象局（1954 年 10 月建立，由隶属于福建省政府的省气象科改编，该科于 1953 年 10 月由军转地方）随即在全省陆续建成 5 个高山气象站——德化九仙山气象站、崇安七仙山气象站（海拔 1408 m，1991 年 12 月 31 日撤站）、安溪长坑山气象站（1959 年建，在长卿乡达摩岩寺，海拔 880 m）、宁德寿宁南山顶气象站（海拔 1383 m，1961 年撤站）、建瓯筹岭气象站，以及霞浦福瑶岛气象站、福鼎台山岛气象站（高时彦，2017）两个海岛气象站。1955 年 10 月 1 日国庆日这一特殊的日子，这些气象站先后相继建成，九仙山气象站的建造时间大约 3 个月，由福建省第五建筑工程公司承建。

选择在九仙山建站，与其重要性密不可分。以下几方面凸显了九仙山的与众不同。

（一）数据独特

水汽是形成云、雨、雾的首要条件。由于大气中的水汽主要集中在低层大气中，1500 m（气压 850 hPa 的平均高度）左右高度恰为低层水汽主要输送高度，也即为主要的成云致雾雷雨区，九仙山在此高度内。

低层大气成为云雾多发区或水汽主要集中区的原理见下页图。

云的形成示意图（下图）显示，低层大气在外力作用如冷暖气流交汇时的暖空气受迫抬升、气流撞山的地形抬升等作用下，气流依干绝热方式上升而快速降温，空气中的水汽达饱和并凝结为云雾滴（凝结高度约在 500 m），云雾滴若被抬升到自由对流高度（约在 1000 m），此时空气块的温度（下图中蓝色线 C 点以上线段）比周围空气的气温（下图中黑色线 C 点以上线段）高，则空气块处于不稳定状态而以湿绝热方式自由上升，空气块内的水汽不断凝结，并不断释放凝结潜热而加热了环境气温，从

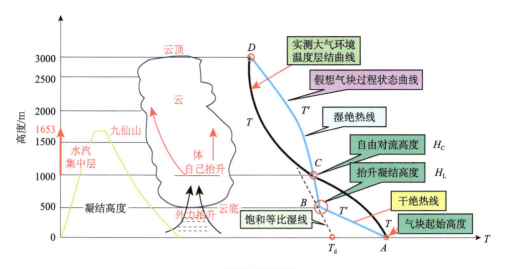

云的形成示意图

而导致周围空气的气温上升，空气块在到达 D 处时（此高度约在 3000 m），其温度与周围空气的气温相等，于是就停止上升运动，故水汽或一块云的高度范围通常在 500～3000 m，此乃九仙山多云雨雾之原理。在上升过程中，云滴之间不断碰撞合并而成为雨滴。

由于 1500 m 左右高度恰为低层水汽主要输送高度，因此，通常采用 850 hPa 等压面图分析低层冷暖气流特别是水汽活动状况，850 hPa 等压面图由此成为预报天气的主要分析图之一。目前全球气象台站主要采用每天 08 时和 20 时施放探空气球来获得低层大气资料，由此绘制全球 850 hPa 等压面图。

九仙山气象站既是高山观测站，又具有地面观测特性，其气象资料由此发挥了以下两项独特作用。

（1）天气预测指标站

海拔 1653 m 的九仙山恰好位处大气低层，因而山上观测资料可随时提供低空冷暖气流特别是水汽活动状况，此远比每天仅两次的探空气球探测资料更具实时性。由于九仙山海拔高，无论是南下的冷空气还是北上的暖湿气流，其受到地面的摩擦力小而一般比地面气流速度快，因此山上气温、气压、湿度、风向、风速等观测资料可供提前判断低层大气的水汽含量及输送方向、冷暖气流的入侵时间，由此体现九仙山气象站所采集的气象资料在天气预测方面的重要指标意义，即有"先知春江水暖"之功。

（2）航空安全保障

由于九仙山位处大气低层水汽主要输送高度，充沛水汽而致常年云雾缭绕，云层

高度与厚度及其变化关乎飞机飞行安全，尤其是夏季突冒的高耸雷雨云更是飞行大敌，因此山上的工作除了向上级气象部门发报气象观测资料外，还增加了每小时航空天气和不定时危险天气的观测与发报任务。因此，除了对于天气预测具有指标意义价值外，山上气象观测资料更肩负着为地方经济建设、航空安全和国防服务三大任务。

山上恶劣天气频繁，这些恶劣天气属于危险天气范畴，因此，从工作强度上看，作为国家基本气象站的九仙山气象站，其工作任务甚至不亚于每天需进行 24 次定时观测的国家基准气候站（如崇武国家基准气候站）。

（二）台站类别

台站类别（吴增祥，2006；王钰 等，2008）决定了其工作强度及重要程度，并也在人员编制、设备的配备等方面显现差别，如自动站的建立，国家基准气候站、国家基本气象站通常会优先于国家一般气象站。

国家气象站分为国家基准气候站、国家基本气象站和国家一般气象站共三类。其中，国家基本气象站是国家天气气候站网中的主体，担负着区域或国家之间的气象情报交换任务。1971 年 1 月，九仙山气象站正式升格为国家基本气象站。

三类气象站的职责不同，区分如下。

国家基准气候站：每天需进行 24 次定时观测，昼夜值班；

国家基本气象站：每天进行 02 时、08 时、14 时、20 时 4 次定时观测（气簿 -1）和 05 时、11 时、17 时、23 时 4 次补充观测，共 8 次，昼夜守班。九仙山气象站属于本类。

国家一般气象站：按省级行政区划设置的地面气象观测站，每天进行 08 时、14 时、20 时 3 次定时观测，昼夜守班或白天（08—20 时）值班，夜间（20 时—次日 08 时）不用观测。

由职责可见三类气象站的重要程度：国家基准气候站＞国家基本气象站＞国家一般气象站。

三类气象站日常观测记录本一样：气簿 -1。

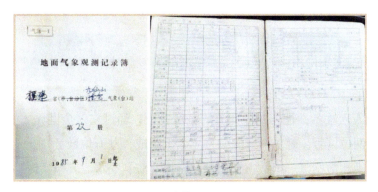

气簿 -1

国家基准气候站和国家基本气象站要向中国气象局报送月报表和年报表，而国家一般气象站只需报送年报表。月报表封面：

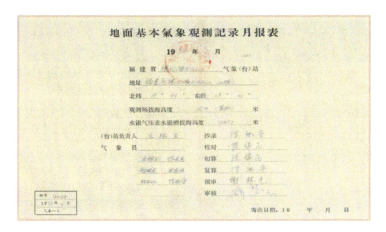

月报表中的某页内容：

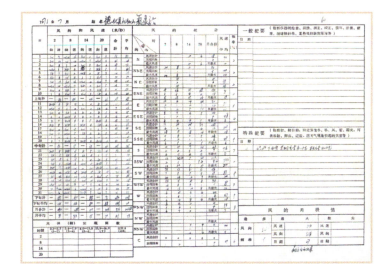

（三）区站号 58931 由来

区站号如人之姓名，是与外界交流的身份凭证，通过它，全世界才能看到其存在。台站区站号由两位区号（姓）＋三位编号（名）组成，共五位数。

气象站的观测数据以一组数字编码参与全世界资料交流，其包括台站区站号和各观测气象要素的编码。资料是否出现在天气图上，是气象站重要性的具体体现。九仙山气象站区站号的编制与国家形势和气象的发展息息相关（吴增祥，2006；王钰 等，2008）。

（1）我国台站区站号变动沿革情况

1949 年以来全国气象台站区站号历经四次大变动简表如下。

时　间	区号	站号	对外情况	区站号采用依据	九仙山站号
1949 年—1950 年 10 月 31 日	46	三位	公开	延用原民国中央气象局的《国际站号本》所规定台站区站号	未建站
1950 年 11 月 1 日—1953 年 6 月 30 日	无	三位	保密	使用军委气象局 1950 年 12 月发布的《气技 901》规定的区站号	未建站
1953 年 7 月 1 日—1956 年 5 月 31 日	无	三位	保密	使用军委气象局 1953 年 1 月 21 日发布的《气技 920》[（53）中气天发字第 174 号]规定的区站号，因台站变更和新增而颁发过 5 次	972
1956 年 6 月 1 日—1957 年 5 月 31 日	50～59（1972 年加入 WMO 才被承认）	三位	公开		57972
1957 年 6 月 1 日至今		三位	公开	使用中央气象局 1957 年 3 月 19 日发布的《中华人民共和国气象台站哨站号表》[（57）气天发字第 114 号]规定的区站号	58931

由于气象区号象征着一个国家的主权问题，又因新中国成立初期国内外形势的复杂多变，使得全国气象台站区号和站号频繁变更。

在新中国成立初期，全国气象台站区站号延用原民国中央气象局的《国际站号本》所规定台站区站号，为 5 位数，此时我国的气象情报和预报最初是公开的；

到 1950 年 4 月 1 日，因国内形势的复杂性，天气预报停止公开发布，即不向公众发布。从 1950 年 11 月 1 日起（抗美援朝开始），我国的气象情报实行加密发报［区号加密以保密，区号没在天气图上显示，下页图（a）为 1956 年 3 月 1 日的地面图］，因此，在每次发完电报之后，需及时地将当日密码条烧掉，以免泄密。据了解，气象的加密较为简单，如统一加数字。

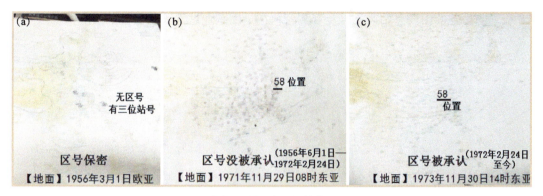

气象区号在天气图上的变迁

1956 年 6 月 1 日起，随着国内外形势的发展，尤其是为了更好地适应我国国民经济对于气象服务的需求，遂取消情报加密，也对外通过电台和报纸公开发布天气预报，并正式使用五位区站号和气象电码的编制，此时九仙山气象站的区站号为 57972。

完成取消情报加密的各项工作后，国家又立即着手编制新的气象区站号。依据经纬度，按照自北向南、从西到东的原则进行分区和确定站号。新区站号自 1957 年 6 月 1 日起，沿用至今。九仙山气象站的区站号 58931 也于 1957 年 6 月 1 日同步启用。

在 1972 年加入世界气象组织（WMO）之前，我国不承认原国际气象组织（1950 年 3 月 23 日改为世界气象组织）分配给我国的区号（46）及把香港、澳门从我国分离而改用另一区号（45）的规定。因此，解放初期，我国自行使用原国际气象组织保留的 10 个区号（50～59）。上图（b）为 1971 年 11 月 29 日地面图，此时显示位于长江口以东的"58"区号，因尚未加入 WMO（1972 年 2 月 24 日加入）而未被承认。

中华人民共和国于 1971 年 10 月 25 日恢复联合国合法席位，但直到 1972 年 2 月 24 日我国加入世界气象组织（WMO），象征主权的 50～59 10 个区号终于得到承认，地面图上的区号位置也发生变动，由长江口以东挪到上图（c）的长江口以西。从此，我国以全新的面貌与全世界开展气象交流。

（2）天气图上的九仙山

气象无国界。在 1971 年 10 月 25 日我国恢复联合国合法席位之前，我国与世界的气象交流并未中断。至 1957 年底，全国建成天气观测发报站 637 个，但并不是每个气象台站都有资格被选为参加亚洲气象情报交流台站（即亚洲地面天气图中的站点），得有"过人"的特殊本领，泉州市仅有九仙山和崇武两个测站为亚洲气象情报交流台站。崇武气象站建于 1954 年，1955 年 2 月 15 日的地面图已出现该站资料，其"过人之处"在于位处台湾海峡中部咽喉地带，风况为世瞩目；而九仙山则以云雾而著称。

下图为九仙山气象站区站号及观测资料在早期东亚地面天气图上的出现情况。

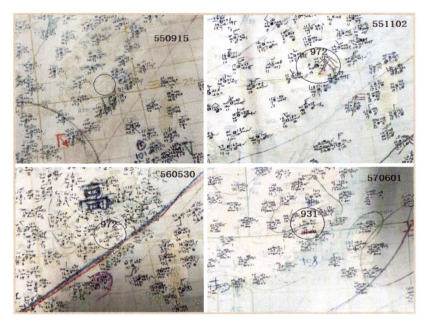

九仙山气象站区站号及其早期观测资料

上图显示：1955年9月九仙山尚未建站，故图上无九仙山站号和资料；1955年10月1日，九仙山气象站正式建站，1955年11月1日，地面天气图上出现的九仙山站号为972（10月缺图）；1956年6月1日—1957年5月31日，九仙山区号为57区，区站号为57972；1957年6月1日起，九仙山改为58区号，站号由972改为931，新区站号为58931。能在地面天气图上出现，即表示为亚洲气象情报交流台站。

（四）选址九仙山缘由

在深山建站可不容易。当年上九仙山是没有公路的，只有一条被踩出来却时常又被杂草"夺"回去的山路。建站所需的条石、木板等材料均由气象人、村民和民工所组成的运输队肩扛背驮，爬过一个个山头，才艰难搬上山，驻地部队也出了大力。下山往往得清早出门，中午才能到山下，回到山上时天已是漆黑一片。建站的艰辛与坚强意志也足见建站的重要性。

一个问题是，为何所建的高山气象站，情有独钟海拔1653 m的九仙山而不是临近1856 m的戴云山？一般认为1653 m的九仙山恰处850 hPa所在高度，然而850 hPa

在福建省的相应高度应是 1500 m 左右，而在戴云山脉，1500～1700 m 高度的山峰则比比皆是。

通过考究，悟出其中诸多奥妙。

（1）九仙山的条件较好

九仙山位处赤水、上涌和大铭三个乡镇交界，建设用料和生活物品的采购极为方便，且九仙山主峰下附近有灵鹫岩寺和仙峰寺两个寺庙，有现成小路可通山下，且寺庙还可提供一些建站上的便利。

（2）不选戴云山之因

①敌特空降区。戴云山主峰山体庞大易认，其为 20 世纪 50—70 年代台湾敌特主要空降地（下图），故选非敌特空降区的九仙山建站。

九仙山气象站建站初期形势图

早期施行配枪制度，其因有二。

原因一：在新中国成立初期，国民党残匪仍不少，如 1956 年 3 月，川西巴塘县受到叛匪进攻，巴塘县气象站人员和保卫该站的解放军战士全部牺牲。因此，一些边远地区的气象站都有配枪守卫。

在对台前线的福建，由于九仙山气象站位处空投区边缘，用于发报用的电台为敌特所觊觎。据老同志回忆，建站初期常有特务潜伏到气象站周边企图偷抢电台，幸亏台站实行军事化管理，配备了六三式步枪 6 支、汤姆斯手枪 1 支（值班时随身带），加拿大式冲锋枪两把，每人一把枪，实行 24 小时值守班制度，大家视电台如生命而寸步不离，特务的阴谋才未能得逞。

上图左为 1956 年拍摄照片（提供人：老同志周希明，1955 年 9 月—1957 年 6 月在山上工作，报务员，于柘荣县气象局退休），后排站者从左到右：许继福、陈文洼（摇机员／当地人／临时工），徐竞成，李炳元；蹲者从左到右：周希明，陈××（摇机员／当地人／临时工），王炳熙（站长）。当时山上还有一位通信员，叫陈天送，临时工，本地人，每两三天负责到赤水区公所送取文件和转达通知，通知强调注意敌特，后参军，1961年分配到站成为正式工，当测报员。

原因二：防备野兽攻击。九仙山林密野兽多，据《泉州府志》大事记104页记载，1953年春季，山区虎患严重，安永德（笔者注：安溪、永春、德化三县）打死老虎10只，足见山上环境的凶险。

明代石虎橱遗址

在气象站之下的灵鹫岩寺内，至今还保留着明代石虎橱（左图），橱内放小羊羔，引诱老虎进入触动机关而石落虎困，类似于捕鼠笼。可见山中有虎并非虚言。

黄鼠狼也曾光顾。据老同志周振樟回忆，1979年2月上山工作的当月某天大夜班，约在凌晨02时，他跟班观测，师傅是林良成同志，未到观测场，一只猫大的小黄鼠狼慌不择路地爬上避雷木杆，几近空壳的木杆外皮腐烂，故上爬的声音很大，方引起两人的注意，拿手电筒一照，狼眼射出的两道蓝光穿过浓雾，让人发怵。好在站内所养的两条狗旋即冲出，一条狗为站里买的，名"赛虎"，另一条狗是1978年北京来的钟光荣同志到镇里买的小母狗，两狗在杆下咆哮，小黄鼠狼不敢下来，对峙良久，最终还是豁出去跳下，钻出观测场的木栏杆逃走，无奈两狗体大，不能钻出，才逮不到。可见山上野兽之多，无枪可不行。

据老同志庄宗平回忆，上山前，值班员佩带一支短枪（共用），另外每人一步枪，上山后只有步枪，值班短枪已无。打猎的子弹可向县武装部购买，但需自费，53式一粒子弹0.11元，79式0.12元，一年一次民兵训练，每人9粒免费。由于平时训练刻苦，大家的枪法不错，通常打猎均有收获，最终还是不亏本，但主要还是乐趣多。

《福建日报》于1972年8月14日刊登的文章"团结战斗的九仙山气象站"，右图左为九仙山气象站人射击训练情景，可见当时紧张备战的社会氛围。

1989年，所有枪支按规定上缴德化县武装部（右图右为枪支上缴证明）。

九仙山气象站人员射击训练情景

②地质基础条件差。戴云山主峰为风化石，建房基础不牢。

③无路可上。戴云山山路很陡，难以开路。而九仙山气象站之下的灵鹫岩寺，始建于唐初，是附近三乡村民朝拜之地，自然形成一条上山的羊肠小道。

④无水源。戴云山主峰山体平缓，植被稀少，土壤含水少，水源不足；而九仙山山顶陡峭坡度大，东西两侧的坡度分别达30°和45°，植被茂密，雾水丰沛。

小戴云海拔1856 m　　九仙山海拔1653 m

戴云山和九仙山坡度比较图

（3）军方特需

20世纪50年代所建的5个高山气象站，由于各种原因，相继撤站，1991年12月31日崇安七仙山最后撤站，但九仙山气象站则因部队不同意撤站而得以保留，曾有一位南京空八军气象处女处长前来交涉，强调军方每天都离不开每时的航危报，没有这些资料，云层高度和有否雷雨云等情况则只能"抓瞎"。1941年10月初，一架悍然进犯九仙山空域的日军轰炸机，被突降大雾所困而撞山坠毁（见下图），足见山上天气的无常以及气象情报的重要性。

九仙山位处福建中部，可辐射全省，且比七仙山更近台湾，气象军事保障意义更大，如1996年的台海军事演习期间，九仙山气象站每时一测资料发挥了积极作用。因此，无论是过去、现在与未来，九仙山气象站的军事意义都有不可替代的作用。

1941年撞山坠毁日机

五

霹雳苦境　锤锻成钢

山高天气恶，如孩不定常。

迷雾藏刀峰，暴雷重拳挥。

欲打此地过，高人指津迷。

明知山有虎，偏居虎山中。

从气象站落户九仙山的那一天起，那份沉甸甸的使命荣光，始终照亮着一代代气象把天人一路无畏前行——辟路谋电、引水筑巢，只要观测时间一到，无论电闪雷鸣、抑或雨雪风霜，扑进风雨未有丝毫迟疑。

（一）深山僻壤　共筑家园

风大雷猛雾多，冬季冰冻严寒，是山上最基本的气候特点。在这里，春来云雾缭绕，夏至雷鸣电闪，秋时狂风呼啸，冬日雨雪风霜（张加春，2009），一年四季，永无"宁日"。大家知道，在山上生活与工作，环境艰苦、工作辛苦、生活清苦的"三苦"摆脱不了。

恶境磨炼人志，更启人生智慧。一代代的九仙山气象人用自己的双手，建家立业，在高山上奏出了最精彩的人生乐章。气象站的不断发展，也见证了党政、各行各业以及广大群众支持的历程。

1. 路——披荆斩棘陌路通

1955年的九仙山气象站，没有路可上山，只有一条被踩出来却时常又被杂草"夺"回去的山路。平时下山办事得大清早出门，中午才能到山下，上山则需要3～4 h，到山上时天已漆黑。半路若遇下雨或降冰雹，则只能以衣当伞。

2023年8月11日，已是86岁高龄的老同志周希明在其孝顺儿子的陪同下重温故里，在赤水街为大家追忆往事。

老周说，当年自己还是一个不到20岁的小伙子，一般每个月会走路下山到赤水镇来理发和采购物品，理发店对面是卖碗的杂货店、裁缝店和照相馆，山上的照片是特意请师傅上山照的。右图为位于赤水街 162 号的理发店，店内 2 楼的洗头架已布满灰尘。

当年上山小路和光顾的理发店

山里人朴实热心，与理发师傅熟悉之后，每每从山外乘车到赤水之后，因路途疲惫，天色已晚不便上山，师傅会提供给大家住宿，后来理发店就成了气象站的中转站，作为大家或家属的临时歇脚处。

老周因为有次玩枪不慎走火打到自己的大腿，下山的频率就不像其他人那么勤了。

1976 年 9 月，上级拨了一辆后开门的大吉普车，车号 13-10079，当时只有县团级单位才配备，足见上级对于气象站的重视，可惜上山无路，只能将车停放在山外的赤水镇，到外办事才用，上山只能从赤水镇徒步。李清淡书记和临时请的一位驾驶员买车票到福州接车，回来时忘了给车子加水，气缸垫被烧坏，好在车是坏在林玉仙老家莆田涵江区白塘镇埭里村（福厦路旁的村庄）、离福州 98 km 附近，很方便地找到维修店。

天无绝人之路，地杰自有贵人。

九仙山虽处无路深山，但佛光、云海和日出等气象景观还是远近闻名。1977 年期间，时任省计委基建处的白瑞川同志（已过世，安溪县龙门镇榜寨村人）慕名九仙山的气象景观，利用回家探亲机会与友人走路上山观赏。在气象站泡茶闲聊得知，20

建好的土公路

多年来大家上下山的不易，表示会尽力帮忙解决路的问题。一个星期后，气象站派人乘坐吉普车到福州，经福建省气象局计财处谢晋南同志（已过世）的介绍，找到白瑞川同志。在其热心斡旋下，1978 年福建省财政拨款 20.5 万元修建一条长 11 km、宽 4.5 m 的沙土小公路，1978 年 3 月开始兴建（《赤水镇志》编纂委员会，2011）。该线从赤（水）葛（坑）线 1 km+200 m 处至九仙山气象站。钱款如数拨到赤水镇建路指挥部后，分段包给 16 个村承建，各生产队记工分结账，1 个工分 1 角钱。有的村分建 400 m，超过 1000 人

口的大村，如西洋村就分建路段多些。

据钟光荣同志回忆：我们上山装风机时正在修路，包给了很多生产队，若遇到开山炸石出现问题，就会"祭贡求神"，好像可解决问题，此也足见当时施工的不易。

1979 年 5 月，经过一年多的努力，赤水至九仙山顶的公路竣工，6 月 19 日举行通车剪彩仪式，事先邀请大功臣老白前来，但老白很平静地说，路建好就好。工程队从所赚的利润中慷慨拿出 5000 元，在山上气象站置办了 17 桌酒席，自己采购食料，还特地到惠安崇武海边购买山里人少见的海鱼，聘请县政府招待所的两个大厨师现场炒菜，还印制锦旗、印字床单纪念品表彰有功人员，山上插满迎风飘扬的彩旗，场面热闹非凡。下图左为 1977 年 5 月 1 日停放于赤水镇区的吉普车，此时上山尚无路。

当年的吉普车和理发工具

上山终于有了长宽可见的沙土小公路，这辆吉普车终于可派上用场了。但车子并非天天能用，只有办单位大事才出动：一是汽油紧张"金贵"，买油限量需凭票；二是大家朴实实在又自觉，"不揩阿公油"，即使驾驶员也是把车开到山上车库，再徒步上下山，包括下山赶圩采购也是一样徒步。

走路上下山一个来回 50 多里*路，理一次头发并不容易。站里于是就买了一套理发工具，由周振樟和连友朋两位同志"主刀"，但手艺"臭"，"捣鼓"不出像样的发型，最后只好统一理成光头，也就有了集体的"和尚照"。下图左是 1983 年 10 月底市气象局已故老同志侯金针所拍。前排左起陈少明、郑长发、连友朋、曾再兴、陈能夺、

"和尚照"

---

*　1 里 = 0.5 km。

赖初潘；后排左起颜进德、林良成、涂金盾、陈明东、周振樟。

"彼此头光无相笑，开心快乐最为真"。上图右为周振樟和赖初潘两位同志的合照，灿烂的笑容、搂紧的身体，俨然一对亲兄弟。天宫岁月虽艰辛，却也可以找到"穷乐"的瞬间。

当时福建省气象局派来山上实习的陈彪、周信禹、柯小青三位同志见证了这一难忘的拍照场面。后来，三位同志都取得长足的进步，其中一人后来当上福建省气象局领导，另两位都成为单位里的技术总工。山上特能锻造人，此言不虚。

1989 年 11 月 13 日，经气象站同意，位于测站下方附近的灵鹫岩寺因重新修建而需改道上山公路，即将寺庙后背的上山公路（下图左标识的公路位置）改为当今的大门前方，即日开工，1990 年 11 月寺庙修建完工。

上山土公路

可是雨与雾凇肆虐之下的土路，总是泥泞不堪，车陷泥坑难免，站里只得时常在雨后派人修路。

1997 年 9 月 28 日，德化县政府投入 60 万元资金将土路改建为平整的柏油路正式铺通（《赤水镇志》编纂委员会，2011），镇政府随即在山下的铭爱村设立管理站收门票，10 元/人，后来逐步起价，景区雏形渐现。

有路的生活更美好，有的同志自购摩托车。下图为 2004 年拍摄的柏油路。

改建的柏油路

2012 年，泉州市政府拨款 56 万元再修为现如今的双车道水泥公路，还连同解决供暖问题。路，从此更顺畅了。

可是，有路并非高枕无忧，冰雪封山则上下山难行。有一次山上米缸见底，恰有人欲上山观赏雨、雾凇，告知得开四轮驱动越野车，并顺便帮忙采购米菜肉等大量食品，总算没有饿肚皮。

2. 电——谋电上山迎光明

电是人类文明的标志之一。没电的日子，山上的生活与工作显得异常窘迫。此后经历汽柴油发电、风力发电，最后才于 1987 年通市电。

（1）早期无电的生活与工作

建站初期没电，也无电视机，娱乐设备主要是一台手摇的方形留声机，为 1955 年建站时所配。唱片有《梁山伯与祝英台》等越剧，有《天仙配》等黄梅戏，有《小河淌水》《桂花开放幸福来》等民歌，有《春节序曲》《草原晨曲》等民族音乐，有《红梅花儿开》等苏联歌曲，有大量革命歌曲，有《多瑙河之波》等国外名曲，还有闽南人喜欢的高甲戏，莆田人姚鸣凤（在站时间：1958 年 9 月—1967 年 10 月）最爱听莆仙戏。

《小河淌水》的旋律和歌词实在优美：月亮出来亮汪汪、亮汪汪，想起我的阿哥在深山；哥像月亮天上走、天上走，哥啊哥啊哥啊，山下小河淌

当年的留声机和煤油灯

水，清悠悠。月亮出来照半坡、照半坡，望见月亮想起我阿哥；一阵清风吹上坡、吹上坡，哥啊哥啊哥啊，你可听见阿妹叫阿哥。

《桂花开放幸福来》的优美歌词：桂花儿生在桂石崖哎，桂花儿要等贵人来哎，贵客来到花才开哎，桂花儿好比苗家的心哎，贵人就是解放军哎，毛主席他比太阳明哎，照亮苗家桂树林哎。

后来福建省气象局又给了一台 300 多元的日本产收音机。

因无通电，电灯、电视、冰箱、洗衣机、电热毯等电器设施无配备，有也是无用武之地，手电筒、蜡烛和煤油灯才是"宝"，木炭取暖、木柴烧饭，看不到任何现代文

明的气息。

电接风等仪器的工作电源采用电池，靠手摇发电供电台发报机发报，即类似于风力发电机原理，将动能转为电能，输出的功率为发报机所要求的 15 W，所以当年专设1 名摇机员岗位。建站初期，报文只发给福建省气象台通信科，由其转发给部队（老同志童忠铮回忆，其在山上工作时间为 1956 年 7 月 29 日—1957 年 8 月，后调到福建省气象局工作）。

没电的日子盼光明。有心人总是能创造历史并带来意想不到的变化。电的解决极富传奇。

（2）发电机时代

在市电未通之前，用电的解决办法是采用汽、柴油发电机和风力发电机，两类发电方式都是产生交流电。所发交流电的主要用途：

有限的夜间电灯照明；

晚上看电视，有一台黑白小电视，后来坏了；

山下乡镇上山放电影用电。

但大家知道汽油有限，且挑上山也不容易，轻易不发电，只有晚上发上几个小时电，也总算见到有限的光明。

山上的电接风和手摇电话机需直流电供电，早先使用甲号大电池，在 1978 年中央气象局钟光荣等同志前来安装风力机时，他们带来了交流电转为直流电的技术与设备，即给蓄电池充电变为直流电，供电接风和手摇电话机用电，就此节约了大量电池成本。汽柴油机的发电工作由赖初潘同志负责，而蓄电池充电则由连友朋同志负责。

①首台汽油发电机

20 世纪 70 年代中期（约在 1974 年前后），福建省气象局提供一台 10 kW 的汽油发电机（老站长庄栋生于 1973 年 4 月上山时还没有发电机），1976 年 4 月 6 日被雷打坏于 1971 年部队所建的发电机房，该房北外墙可能设有配电箱，再通向各房间照明，1977 年初，配电室建在测报室边（下图）。

主要用途：早期用于照明和看电影。

此时尚无交流电转直流电的整流技术，因此还不能用于电接风观测仪器和手摇电话机的直流用电（1978 年之后，前来安装风力发电机的中央气象局专家带来了交流电整流转为直流电的蓄电技术，才扩大此用途）。发电机如下图所示。

一台输出功率为 10 kW 的发电机，所需发动机动力 x 的计算如下。

10 : x = 0.735 : 1，求得 x = 13.6，即至少需要 14 马力的发动机来拖动。以前的发动

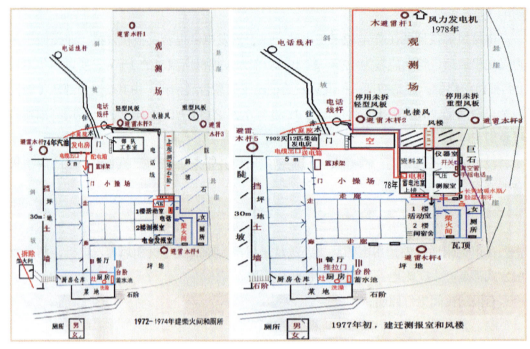

20 世纪 70 年代发电机房和配电室

利用发电机发电看电影情景

机系手扶拖拉机头。

1 马力 = 1 匹 = 75 kgN·m/s = 735 W = 0.735 kW，即 1 马力等于在 1 s 内完成 75 kgN·m 的功，也等于 0.735 kW，或称米制马力。一个人负重 10 kg，并在 13.3 s 内跑完 100 m，该人所付出的功率就是 1 马力，1 马力 = 10×100/13.3 = 75 kgN·m/s。

这台发电机给平时单调枯燥的山上生活带来生机。

相对来说，山上人比周围乡村农民更有钱，但有钱也没地方消费，于是看电影成为山上人的高享受之一。每隔一段时间会雇请上涌镇电影放映队上山放电影。放映队肩挑笨重的放映机和装有几十片电影胶片的箱子上山，与大家同吃同住。一般象征性地给几元钱。放映电影的生意也不是很好，能花得起钱的寥寥无几，何况是在农村，所以山上虽然路途远，有生意做还是求之不得的。

②第一台有整流功能的风力发电机

由于没有蓄电技术，则发电机只有一直工作才能维持照明，但这似乎也不现实，故仅靠发电机也不是办法。20 世纪 70 年代，原中央气象局邹竞蒙局长提议由气象科学研究所承担风力发电机的科研任务，以解决高山和荒岛气象站的业务与生活用电问题。

慧眼识珠。负责此项工作的中央气象局气象科学研究所的钟光荣同志从全国1951—1970 年 20 年气象资料汇编中发现九仙山出现 8 级以上大风的年日数 222 d，为全国第二多，风能资源极为丰富，于是选择了九仙山作为风力发电机的野外试验地。

据钟光荣同志回忆：气象站用风力发电机，是原中央气象局邹竞蒙局长提议由气象科学研究院（简称气科院）承担的科研任务。此事落实到我头上，我负责整个机械的设计，包括风力发电机的设计和安装铁塔等，设备由气科院小工厂加工制作。后我要求增加杨玉昆同志负责风机蓄电

早期九仙山多大风资料

瓶充放电自动控制和保护的设计。加工完成后，在福建省气象局李道忠同志的陪同下，与车间师傅卜定玉、杨恩培、高冠全一起上九仙山安装试用、做实验。

当年气象部门自行研发的风力发电机型号命名为 QFD-1（Q 表示气象，FD 为风电），功率 1 匹，共加工了 3 台，在九仙山之后，又在五台山气象站也进行了试验。风机成本太高，个人绝对买不起，此后在内蒙古普及供牧民用 100 W 的小风力发电机。

参加风机建设人员

我们在站里工作了一个月（4 月上山，5 月中旬离开），与站里的人员相处得非常好，十分愉快。

左图为参加风机建设的大部分"功臣"。

在那个年代里，钟光荣同志所在的团队，除了在九仙山外，还在五台山和内蒙古等地布设了风电机，处处留下了他们辛苦的足迹。

参加风机建设的部分人员

1978年5月，一座8m高的三叶式风力发电机终于在现观测场南端建成，玻璃钢风叶半径约1.8 m。上图左塔上的人是谢林光同志，照片由其女儿找到发来；上图右左边第一人是负责蓄电瓶充放电自动保护的杨玉昆同志，牵狗人是赖初潘同志。所发之电接入蓄电池室，1979年福建省气象局所送发电机放在部队发电机房，其所发之电也一同接入蓄电池室（见30页上图）。由于自带绞车、滑轮等吊物工具，大家又齐心协力，因此1978年安装风力机比较顺利（下图）。

风力机安装情景

一个当年搬运问题袭上心头：1978年5月，当时尚无上山的土公路，车子开不到山顶，铁架、蓄电池等大而重的物品又是如何搬上山的？ 2024 年 2 月 1 日，特意到鸡鬐坡村走访当年的搬运村民（下图）。

到鸡鬐坡村走访当年搬运村民的情景

据当年搬运村民郑旭贵夫妇介绍，当年他们是 20 岁出头的年轻人，浑身有的

是力气，满载物品的汽车在虎头村卸货（右图），这里离山顶最近，仅是赤水镇到山顶的三分之一路程；蓄电池得两人抬，两人工钱共 1.8 元，多人抬风力发电机、铁架、水泥、沙土等，每人也是 0.9 元。

当年在虎头村卸货的三岔路口

尽管是羊肠山道，但当年大家经常到气象站下的灵鹫岩寺上香，因此路熟。

风力发电机的工作原理（科普点）：风叶在风的作用下发生旋转，并通过转轴带动磁铁旋转而切割其外围固定的电线圈，由此产生 13～25 V 变化的交流电。

风力发电机尾翼的作用是使叶片始终对着来风的方向以获得最大的风能。

风力发电机的电功率与风速关系计算（按高中物理课本来解释）如下。

把"风"看成为横截面积不变的圆柱体，对横截面积为 S 的

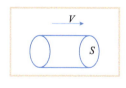

"风"，设初速度大小为 v，则其动能 $E_k = \dfrac{1}{2}mv^2$ ············（5.1）

"风"的质量　$m = \rho \times S \times vt$ ······························（5.2）

风力发电的效率设为 η（平均值为 22%），动能转化为电能的电功率：

$$P_电 = \frac{\frac{1}{2}mv^2 \cdot \eta}{t} \quad \text{································（5.3）}$$

代入计算得：$P_电 = \dfrac{1}{2}\rho S v^3 \cdot \eta$

式中，需求算九仙山的空气密度 ρ，九仙山的年平均气压 84.3 kPa，年平均气温 13.4 ℃，$\rho=P/(0.287\times(T+273.1))=1.03$ kg/m^3（标准状态下的空气密度约为 1.29 kg/m^3），风力发电机的风叶长度约 1.8 m，叶片旋转扫过面积 $S=\pi\times r^2=12.57$ m^2。

由上述式（5.1）—（5.3）得到：$P_{电}=1.42\,v^3$（W），即风机的输出功率与风速 v 的三次方成正比。

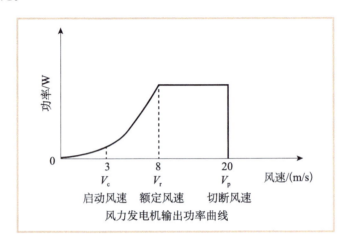

风力发电机输出功率曲线

当风力达到启动风速，叶轮开始转动，风机的启动风速 V_c 为 3 m/s，发电机开始输出功率，随着风速的加大，输出功率则增加；当风速达到额定风速 V_r 即设计风速后（一般取 8 m/s），风力发电机开始输出最大功率，此后如风速再增大，则风力机的调节装置开始发生作用，使输出功率限制在额定风速时的水平，即不再增大，保持恒定不变；风速太大，则风叶因转速过快而易受损坏，故当风力加大到切断风速 V_p 时，切断装置（刹车系统和控制系统）发生作用以停机，发电机输出功率为零。故最佳发电的风速为 8 m/s。

一般来说，在设计的发电机额定功率不变的情况下，叶轮直径越大，也就是扫风面积大了，则要求的额定风速就越低，即更小的风速就能让发电机达到满发；或者说，加大叶片半径，可达到更大的发电输出功率（下表）。

九仙山风力发电机输出功率表

v/（m/s）	0	1	2	3	4	5	6	7	8	9	10	…	19	20	…
P/W	0	1	11	38	91	178	307	487	727	727	727	727	727	0	0

依叶片长度，可得九仙山风力发电机输出额定功率为 727 W，相当于 1 匹；根据消耗电能的定义：1 度电 =1 h×1 kW，即 1 kW·h=1 kW×1 h，则 727 W=0.727 kW，即 1 h 发 0.727 度电；若一个灯泡是 30 W，则可供 24 个灯泡同时使用，即供山上照明

无问题。

此外，北京专家带来了将风力机输出的交流电经整流器转为直流电并存入蓄电池的技术，这使得风力机的产电功能除了用于照明外，还进一步为电接风和电话机提供直流电源。下图左为将蓄电池直流电转为 220 V 交流电的逆变器，下图右为将蓄电池直流电做稳压处理的稳压器。

当年所用的逆变器和稳压器

遗憾的是，由于山上的风力实在大，常常超过风机的承受能力而使得限速棒齿轮等故障频频，且风叶旋转所伴随的地基振动很大，叶片运转不稳，基于安全考虑，半年之后的 1979 年 2 月，只好停用，但风机铁塔没拆。

1984 年上山的李良宗同志回忆：上山后没看到第一代风机，但控制器柜还在，有整流功能。

1985 年福建省气象局李道忠同志将风机铁塔改造为防雷塔，原有木杆避雷针拆除，防雷塔上端的避雷针改为不易生锈、导电性能更好的铜杆，至此山上防雷工程质量得到大大提升。

③交流转直流的蓄电技术

无论是汽柴油发电还是风力发电，其产生的都是交流电，汽柴油发电机仅能即时使用，而一直处于运转状态的风力发电机，其所发电能若无储存，则白白浪费。1978年中央气象局专家前来建设风力机时，解决了利用整流器将交流电转换为直流电而储存于蓄电池的技术问题，蓄电池再为用电设备供电，由此使发电机发挥了更多的实际应用功能。蓄电瓶充放电自动保护技术由北京杨玉昆同志负责处理。

其解决的主要技术难题有二。

一是风力发电机因风速不稳定，故其输出的交流电额定电压通常在 13～25 V 变化，即输出的交流电额定电压不稳定。

二是交流转为直流电。这些难不倒北京专家——将风力发电机控制为 24 V 交流电输出，经充电整流器，即通过二极管而将交流电整成直流电，便可对蓄电瓶充电，使风力发电机产生的电能变成化学能，放电时再次把化学能转换为电能输出。

（a）蓄电池结构与电压

蓄电池通常是铅酸蓄电池（下图），每个蓄电池通常由彼此独立隔开的6个单格铅酸电池组成，每个单格以铅为负极，二氧化铅为正极，中间由孔板隔开正负极。单格上方为加水和稀硫酸之孔，这样每个蓄电池共6个注入孔。

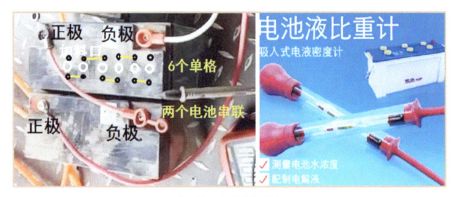

蓄电池和电池液比重计

每个单格（孔）在加注稀硫酸后，形成了2 V的电位差即2 V电压，因此每个蓄电池的额定电压为12 V，此时即可使用于供电。

蓄电池电位差形成示意图。

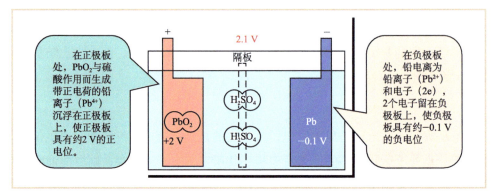

蓄电池电位差形成示意图

（b）蓄电池放电供电

蓄电池接上负载即给电器供电后，正极板的二氧化铅和负极板的铅都与硫酸发生电化学反应而都生成了$PbSO_4$，使得电解液中的稀硫酸含量不断减少，最终成为不易导电的水，乃至电量为0，这时就需充电了。

（c）蓄电池充电

蓄电池的电能耗尽后，采用电化学反应原理对其充电。具体流程为：把外部电源如市电或发电机的交流电流经整流器整流为直流电，接到蓄电池两极，外电源的作用

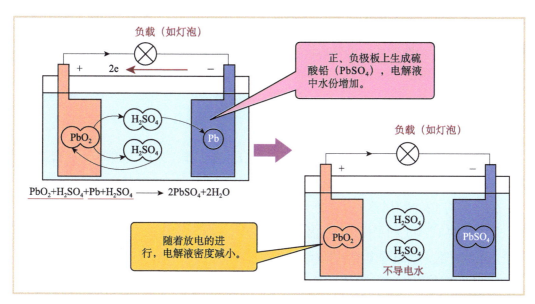

蓄电池供电时的电解液浓度减小过程

是迫使2个电子从正极返回负极，形成从正极到负极的充电电流，此与放电时电子从负极流向正极相反。两极的 $PbSO_4$ 分别生成或还原为单质铅和二氧化铅，即原蓄电池中的化学反应发生了逆转现象，外部的电能使内部活性物资（Pb；PbO_2）再生，从而还原正极和负极之间的电化学势差，或者说是使正极和负极之间重新形成电化学势差，由此实现将电能以化学能的形式储存在蓄电池中的目的。当然，水（H_2O）也重新还原为易导电的硫酸（H_2SO_4）。

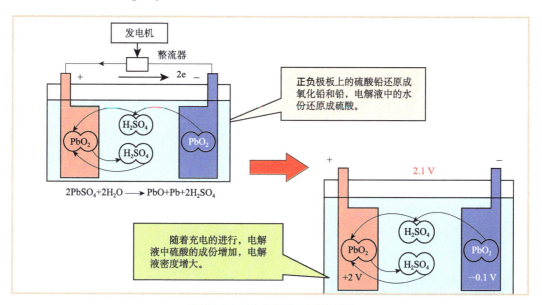

蓄电池充电时的电解液浓度增大过程

在蓄电池中，正极和负极之间的化学反应是通过电解液中的离子传递而实现的。随着硫酸浓度的不断增加，电池正负极两端的电压也在不断上升，直到电压达到一定的值时才停止充电。

④日常用电和充电工作

（a）日常用电情况

给每个 12 V 蓄电池充电，外部电源电压自然要大于 12 V。该第一代（台）风力发电机是 24 V 交流电输出，可满足要求。

站内采购 12 个船用蓄电池，分为两组，分别供电接风等仪器和手摇电话机（原用 8 个甲电池共 12 V）的工作用电以及照明用电，两者的工作电压是 12 V，因此每组为 6 个蓄电池并联，两路输出电压均为 12 V。

选用船舶使用的 12 V 直流灯泡，灯泡瓦数有 1.0 W、5.0 W、12 W 不等。

当年所用的电灯泡

用电分析。

电池容量一般以 Ah（安培小时）计算，其等于 I（放电电流，恒流）$\times T$ 放电时间（h）。例如 7 Ah 电池，如果连续放电电流 0.35 A，则可连续供电 20 h。但是，对于不同电压下的电池，不能单纯地用"安时"来代表容量，比如一块 12 V 20 Ah 的电池与一块 15 V 20 Ah 的电池，都是 20 Ah，给相同功率设备负载，其持续时间是不一样的，所以电池标准容量应该以功来衡量，以功为单位。

$$W（功）=P（功率）\times T（时间）=I（电流）\times U（电压）\times T（时间）=I（电流）\times T（时间）\times U（电压）。$$

在纯直流电路中：$P=UI=I^{2}R=U^{2}/R$。

山上所购的蓄电池，一个蓄电池的容量是 12 V 115 Ah，给 10 W（P=10 W）的直流灯泡供电，可供 138 h（$T=W/P=12\times115/10=138$ h），给一台 50 W 的 14 英寸[*]黑白电视机供电，约 28 h。

因当时尚无电视等家电，故无购买可将蓄电池直流电转为交流电的逆变器。

（b）充用电管理

充用电管理主要由连友朋同志负责（1977 年 3 月参加工作）。其工作内容有：用电输送、硫酸稀释配置、蓄电池电量监测、增补硫酸和水、给蓄电池充电。

---

* 1 英寸 = 2.54 cm。

ⓐ 浓硫酸稀释。

以下是将浓度为 98% 的浓硫酸稀释为 20% 稀硫酸的配置处理：

设一个电瓶的容量约为 15 cm×25 cm×30 cm=11250 cm³=11250 mL（22.5 斤*），将 98% 的 x（mL）浓硫酸（密度是 1.84）稀释为 20% 的硫酸。根据硫酸的平衡关系：$11250×20\%=x×98\%$，得 x=2296 mL。

所需水量 =11250−2296=8954，即硫酸和水的配比为 1∶4。

先在一容器中倒入水，再把硫酸慢慢倒入水中，轻轻搅拌，千万不能反着来，不能把水倒入硫酸中。

配置后再倒入蓄电池各单格内。

ⓑ 电解液的损耗与补充。

充电的时候电解液中的硫酸增加，放电的时候硫酸含量减少。对于整个蓄电池而言，充放电只不过是硫酸和硫酸铅之间的来回转换，理论上总量是不变的。但是，随着电池的使用，即使在充满电的情况下，电解液中的硫酸总量也会下降，其主要原因有二：一是有一部分硫酸转换成硫酸铅之后形成了粗大结晶，无法再次转换成硫酸；二是在充电的过程中，有微量的硫酸以气态逸出，这是硫酸的主要消耗。当然，水也会损耗，由此导致硫酸浓度的变化。

管理员需经常使用电解液比重计测量硫酸浓度和容量，酌情添补硫酸和水。

⑤第二台发电机（柴油）

1976 年第一台汽油发电机被雷打坏后，1979 年 2 月，福建省气象局物资处又送了一台柴油动力发电机，即动力是靠烧柴油的手扶拖拉机发动机头，发电机与发动机分开，即称为分体式，由 12 马力动力机头拖动 10 kW 发电机。该机也放在部队营房。

据老同志周振樟回忆，1979 年 2 月上山工作后不久，福建省气象局物资处送了一台外壳红色的 14 英寸日本松下（本地称"乐声"）彩色电视机（第一台电视机），放置在西边 1 楼活动室。当时只有中央电视台和福建电视台两套节目，但总算可以了解山外世界了。半夜停播后，台湾很多电视台节目即出现，信号很好。屋顶架上简易的鱼骨接收天线，也不敢架太高，以免引雷。所用电系直接由柴油发电机所发，此时风力发电机已故障停用。

柴油发电机采用水冷散热方式降温，水箱内的水需保持液态，不能冻结。冻结的水一方面起不了降温功能，另外，水变冰后体积膨胀会撑破水箱，因此在零摄氏度以下气温的冬季，有专人负责排干水，要发电时再倒入水。

---

* 1 斤 = 500 g。

老同志颜进德介绍，南安产的 12 马力柴油机带动有皮带的电机，发电量可供全站照明和加热电热毯，冬天时下午 18 时发到晚上 23 时，夏天时下午 19 时发到晚上 24 时，柴油机需每个小时加水一次，如果柴油机没有水就会烧坏。

发电的同时，也可为蓄电池充电，这样在无发电时，全站仍可用蓄电池照明。

柴油机的耗油一般是 200 g/(kW·h)，12 kW 柴油发电机 1 h 的油耗量：12 kW × 200/1000=2.4 kg，0 号柴油的密度 0.84 kg/L，2.4/0.84=2.86 L，发电 5 h 的耗油量大约是 14 L。这样一来，加油一箱，可用两个晚上。

站里买了 10 个大油桶（下图），每个容量 208 L，每桶约可用半个月，每次买 5 桶油，由加油站用手扶拖拉机送上山，可连续用上 2～3 个月。油桶存放在车库左侧房间，毕竟是危化品，也不敢多买。这么大的用量，自然是德化县政府关心特批才有的，因此用油无忧。

当年所用的彩电和油桶

发电机解决了看电视问题，故一到晚上拉线发动机器发电是大家最为积极的事情，通常由赖初潘同志管理和维护。但柴油发电机有时也会闹故障，送下山维修不易，请师傅上山费用也不菲。怎么办？自己动手呗。刚上山、爱动脑筋的周振樟和李良宗等年轻同志，愣是把发电机拆开，依先后顺序将各零件铺在地板上，以防装上时零件混乱，久而久之竟然无师自通，成为维修高手。其对于工作的主动担当体现得淋漓尽致。

据 1983 年在山上搞科研的福建省气象局原纪检组长陈彪同志回忆，所加柴油用完后，就不再看电视了。

⑥第二台风力发电机

好事多磨。首台风力发电机的失败并没有让人气馁而偃旗息鼓。当时风力机的研究也是热门项目。钟光荣同志向浙江电力修造厂介绍了九仙山的风力条件、此前在山上装机的经验，经过浙江电力修造厂与中国气象科学研究院的联合研究，1985 年 8 月 14 日，一台两叶式（第一台是三叶）的风力发电机再次落户九仙山北边山顶上，并试用运转。安装之前的 4 月，站里派周振樟和林良成两位同志到浙江电力修造厂学习风力发电机的相关知识半个月。该机由浙江电力修造厂免费在山上安装，为试验研究目的。

当年的 7 月 5 日，避雷铁塔和风机设备运上山顶。7 月 16 日灌注 2 m×2.5 m 铁塔混凝土底座，混凝土所拌的沙子系从国宝乡的河道载来，由于山上实在潮湿，混凝土长达半个多月才凝固，铁塔不敢吊装，直到 8 月 7 日才动手。恶劣的天气总是处处掣肘。

该风机的风翼标注"9FD-1000-1"，经解译，其意应为：九仙山风电机，功率 1000 W，为该厂在山上设立的第一台风机。

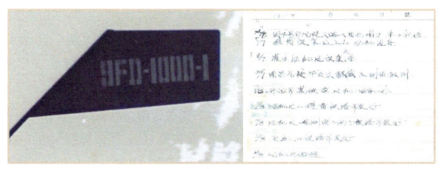

1985 年所装风机和施工记录

在二上九仙山的钟光荣等同志和两位技术骨干的指导下，大家一起动手，自装风叶，共竖风杆（下图）。拉起风杆并不是一件容易的事，由于没有绞车和滑轮之类吊物设备（1978 年第一次有），几组人在不同方位用粗绳拉起杆头，并及时使用设计的交叉竹竿顶住，省得连续用力牵拉，也防杆子侧翻，显示十足的智慧。现已退休的原老站长周振樟同志经历全程。

装风机情景

该第二代即第二台风力发电机输出的是 48 V 交流电（第一代为 24 V），自身带有逆变功能，逆变器可将 48 V 交流电逆变为 220 V，但输出的电压不稳定，噪声大。若风力太大时，电压和电流增大，输出的电压会超过 48 V，则需由盘路分流过大的电流，即将这些超额的电流通向发热电阻消耗掉。

装风机情景

风机电缆线由西侧楼层一楼的地面通风口接入蓄电池室，此可能是 2004 年在西侧一楼墙体上炸出一个拳头大小洞的球形雷的入侵通道（第 149 页介绍）。上图左前为李道钟专家，后为颜宝虎同志，上图右为 1985 年刚建成的风力机。

1985 年，福建省气象局物资处又送来一台 21 英寸德国产沙巴（SABA）彩电（第

沙巴彩电

二台电视机），仍放置在西边 1 楼活动室。彩电押送上山时，因山上土路颠簸而出现失声故障，拿到德化县城，无人会修理，正好认识德化一中一姓廓的物理老师，发现是喇叭焊线脱落所致，免费修好。良宗同志 1984 年 8 月上山后有一台 21 寸彩电，就是这款电视机。

室内照明和看电视用电问题终于又得以解决了，但还是不能给电饭锅之类的电器供电，可这已经很足够了，笑意无不写在号称十八罗汉"老九"们的脸上。下图左为1985 年钟光荣同志所拍。后排左起：1 进德、2 玉仙、3 能夺、4 友朋、5 天送、6 金盾；中排左起：1 政朝、2 良宗、3 宝虎、4 少明、5 建煌、6 明东，前排：1 锡本、2 欧阳再根（1985 年安装铁塔避雷针，被掉落零件砸伤而戴帽子）、3 振樟、4 初潘、5 燕飞，图中的狗狗名叫"赛虎"。

1985 年参加风机建设人员

⑦风力机技术交流会

1987年4月7日，北京来的钟光荣同志三上九仙山了解风力机实验情况，并接到电接风与干电池比较工作效果。

1987年钟光荣同志上山记录

钟光荣同志随身带来的相机又给大家留下了往日的美好记忆，上图右后排左起：1能夺、2政朝、3建煌（离站时间：1987年6月，说明非1988年而是在1987年4月照）、4燕飞、5进德，中排左起：1良宗、2行松（1986年上山）、3振樟、4宝虎、5初潘，前排1再根、2金盾。

1988年8月15日，钟光荣同志四上九仙山，出席参加已运转三年的风力机项目验收，同时还举行了由中国气象科学研究院、中国科学院大气物理研究所主持的气象台站"风力发电技术经验交流会"。邀请的单位和专家有（按下图顺序，左起）：前排蹲着三人，中间为金署光（浙江电力局科技处）；中间一排7人，前5位依次为周振樟、钟光荣，李道忠（福建省气象局），徐松庆（大气探测所所长），谭月香副所长。后面三人左一为陆裕平（浙江省电力修造厂工程师）。参加会议的还有：中国气象科学研究院大气探测所的吴庆明副所长、黑龙江省气象局一人、黑龙江省密山县气象站、青海省托托河气象站、机械电子工业部、福建省气象局叶榕生副局长、泉州市气象局、九仙山气象站等人。下图右中为叶榕生副局长。

1988年参加交流会部分人员

下图为交流会情景和发放的纪念品碗，会场设在东侧招待所一楼。

交流会情景和发放的纪念品

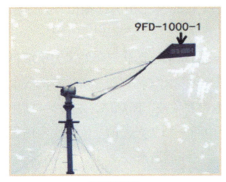

损坏的风机

交流会期间还出现一尴尬趣事：山上正值夏季风盛行，风速连日超 10 m/s（2 min 平均），大于 8 m/s 的额定风速。为保证交流会时风机安全，会前特意绑住风叶，结果机头还是因为固定螺丝松动而掉下来（左图）。此也显示山上风大，大风给山上带来的影响无孔不入。

（3）市电上山

天寒地冻雨纷飞，蓬荜生辉因佳人；良言一句三冬暖，贵人纷至日月明。各级党政领导和单位的关心让九仙山气象站发生了日新月异的变化。电这一"卡脖子"难题以及更多的实际困难终于得到关注与解决。

①省长上山解难题

1983 年 3 月 24 日，时任福建省代省长的胡平在德化县吴双认副县长的陪同下到德化县上涌等乡镇调研，回程时，吴副县长介绍了附近特别艰苦的九仙山气象站情况，于是省长改变主意临时上山。这是首位前来关心的省部级领导。从此，各级领导、多家媒体、更多的部门纷至沓来，九仙山气象站的平凡工作开始引起外界的特别注目。

当日天空不作美，山上大雾弥漫，清晨的一场大雨让土路泥泞不堪，大家还是如常趁着雨歇时机下山修路。中午过后，乘载前来调研的胡平省长的红旗轿车在坎坷的土路与弥雾中颠簸前行。到了山上，当看到楼内墙壁上绿霉斑斑、地板处处湿漉漉的情形时，省长大为感慨地说，这个与敦煌壁画哪有差别？冰凉潮湿的被窝，厨房内因上下山不便而多买备下的腐烂蔬菜，此情此景，情何以堪？领导即刻表示要给大家买冰箱、电饭锅等电器，但站长婉言谢绝了，因为没有电，一切好心皆成空。电的问题由此让领导牢记于心。

在省长的要求下，作为站长的林玉仙同志因为事先毫无准备而支支吾吾地如实汇报了5个方面的实际困难：

（a）烈士子女安排工作（后来落实了"戴帽指标"）；

（b）高寒危害健康，宜实行人员轮换（1989年，福建省气象局人事处施秀琴处长落实了3～5年轮换制度）；

（c）"农转非"问题（在当时，农村户口的子女是不能到城里工作当工人的，1987年5月15日，泉州市委书记张明俊上山慰问，并最终落实解决了所有共23个"农转非"户口）；

（d）提高艰苦台站津贴；

（e）解决用电问题。

领导同志下山碰到修路的人员时，连忙停车，下来与大家亲切握手，大家一看是"大领导"，很是惊喜，赶紧往衣服蹭掉双手的泥巴。领导爱民，至真至诚，情真又意切。

此后县政府将上述问题写成书面报告上报至省政府，很快得到省长批示。1983年4月，省政府办公厅向各相关单位发文（文件见右图），以落实胡省长的批示精神，尽快解决九仙山存在问题，这种雷厉风行的工作作风令人感慨万分。随后这些大部分的实际问题都逐步得到解决，大家少了后顾之忧，也因此安稳了人心。但电的问题却颇费周折。

福建省政府解决问题的批文

②解决抽水的柴油发电机

时隔近4年，1987年2月23日，胡平省长针对九仙山气象站水电问题的来信作批示，并要求福建省气象局提出切实可行的解决方案（省长过问之一）；

3月7日，福建省气象局派人上山调研（下图左为此事的台站记录）；

福建省气象局解决山上水电问题的记录

3月9日，福建省气象局上报专题解决方案，胡平省长也作批示。随后福建省气象局配来一部12 kW（16匹动力带动）大型柴油发电机（第3台发电机，见上图右，而之前第2台是10 kW的分体机，动力还不足以抽水），为三相电动力发电一体机，其初步解决了照明用电和从西侧山下龙池抽水的动力问题；6月23日建了蓄水池和铺设管道，吃水问题暂时得到解决。

1987年的这台柴油发电机很大很重，安放在车库东侧发电机房里，平时由赖初潘同志保养与维修，李良宗等同志也参与其中。

③市电终上山

1987年8月，胡平省长在调任国家经委副主任（1988年任商业部部长；1993年任国务院特区办主任，1996年3月当选为政协第八届、九届全国委员会常务委员）前夕，特由省长基金中拨7.5万元用于解决电的问题（省长过问之二）。

1987年9月26日，在省、县、乡政府和德化县电力公司的支持和努力下，一条从山下铭爱村到山上全长5.83 km的高压电线成功架设。配电室在车库东侧房间（下图）。

市电配电房位置

山上终于通上电了，也就不必再靠柴油发电机发电抽水了。1988年，又配备一台24匹柴油发电机，作为发电备用（第4台发电机，福建省气象局，2013）。

地方领导上山慰问

1993年，已任国务院特区办主任的老省长，还通过地方政府转达自己的牵挂，地方政府自然不敢怠慢（省长过问之三）。

④省长情深二上山

2000年5月21日，已是全国政协常委的胡平老省长二上九仙山看望大家，了解了当年 5 个问题的落实情况，对处理结果很是满意，并留下"忠于职守献终身 高山精神耀中华"墨宝以示勉励。

2000 年全国政协常委胡平同志上山慰问

老省长又问及此后有否省领导上山，答有，很多。如：1991 年 11 月 13 日，贾庆林省长上山慰问；1995 年 8 月 29 日，福建省委常委、宣传部长赵学敏上山视察和慰问；1997 年 7 月 23 日下午 16:00，副省长童万亨上山视察和慰问，帮助解决危房改造问题；1998 年 7 月 19 日福建省委书记陈明义带领副省长汪毅夫等领导由省城直奔九仙山开展调研工作，除了解决包括地方津补贴、危房改造经费不足、职工家属就业等问题外，更以"九仙山气象站无私奉献的精神非常可贵，在现代化建设的今天，尤需这种精神"评价大家的工作，九仙山"高山奉献精神"的这面大旗从此高高竖起；1999 年 2 月 15 日大年三十的 11 时 15 分，时任省委副书记的习近平同志在省气象局打电话向九仙山站工作人员拜年……胡平老领导听了很高兴。

当时接电话的是站党支部书记涂金盾同志，涂书记的回话内容有四：一表感谢，二表衷心，三向领导拜年，四诚邀领导上山。

胡平老领导还私问林站长的工资情况，回复说各种补贴合计每月 1500 元，很满足了。领导感慨说，还不如回家做点小生意，此乃肺腑之言。右图照片背景上的塑料扣板是 1998 年的装修墙面。

想不到远在京城的大领导还能牵挂这么一个偏僻小单位，真不简单。

老站长周振樟感慨万分：胡平省长在百忙之中"二上、三问"九仙山事，即使在遥远的北京，还是惦记始终。领导这份关心群众疾苦的情怀，温暖激励着九仙山代代气象人，在平凡的岗位上做出来不平凡的成绩。

（4）有电世界大不同

有了电，一切充满了生机，既稳定了"军心"，也让事业的发展长上新"翅膀"。

①家电可用人心稳

有了电，社会各界的关心才有用武之地。

1988 年 10 月 30 日，福建省气象局新上任的陈双溪副局长在上山后解决洗衣机一台。

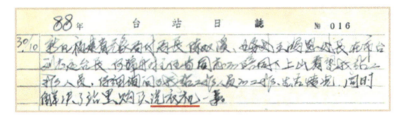

福建省气象局领导上山记录

1990 年 9 月 22 日福建省气象局陈双溪副局长再上山慰问了解"9018"号台风致灾情况，并解决电视机、录像机（为第三台电视机）。

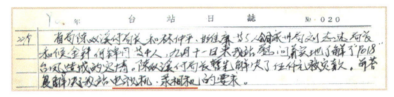

福建省气象局领导上山记录

1991 年 2 月 5 日，泉州市委送来一台"贵族"牌热水器，解决了冬季洗澡问题，浴室建在厨房仓库东侧外，在厨房洗澡的尴尬历史终于结束。

泉州市委解决热水器记录

1991 年 11 月，陪贾庆林省长上山慰问的泉州市林大穆市长解决了电冰箱、洗衣机。

1992 年 10 月 15 日，省、市、县三级总工会送来一套卡拉 OK 音响设备，与电视机放在一起。无聊的时光不再漫长。下图为冰箱和 20 世纪 90 年代大家看电视情景。

电冰箱

部分赠送的电器

测报室也用上电油火炉，还可在炉边烤衣服，床上的电热毯可彻夜通电，只是宿舍内仍需靠木炭取暖。

但恶劣的天气总是不让大家过上有电的好日子。雷暴、大风和冰冻隔三岔五地折断线路，而此时只能无奈面对，静等专业电力维修。

如，1995 年 8 月 21 日，彩电被雷打坏。

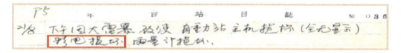

彩电被雷打坏记录

1996 年 4 月 26 日，德化县柯富衍副县长率旅游推介团到站考察时，获悉大家已有半年多无电视机可看，便很快解决彩电一台（为第四台电视机），也是对圆满完成军事演习气象服务任务的一份奖励。

德化县政府解决电视机记录

②通信佳地建新功

超短波和微波信号的传播要求无高山及建筑物等的遮挡，高海拔具有通信信号不易受到地形干扰的环境优势，这使得九仙山成为不可多得的通信中转站，自身价值更为彰显。

第一，支持电视差转基地建设。

1987 年 10 月 14 日，县广电局在屋顶布设电视差转天线，在当年部队工作室（当时放空无用，后来曾作为乒乓球室）内安装接收与传播电视信号的电视差转机，由此解决了周围三个乡镇收看电视问题，收视效果更好，且增加了福建电视台六频道（168.25 MHz）节目，收看的不再是仅有的中央电视台一套、福建电视台一套；1988 年 1 月 30 日，又安装另一台 50 W 电视差转机和接发天线，以转播福建电视台 12 频道（216.25 MHz）节目。气象站还腾出一间房子供县广电局专人看管电视差转台机。下图是对于两次电视差转台机安装记录。

支持电视差转基地建设记录

差转机的作用是将从接收天线接收来的声音与图像信号合成在一起，再由发射天线发射，供周围乡镇的电视机接收。下图左竖杆是甚高频天线，呈蝴蝶结状的为电视差转天线。

甚高频天线和电视差转天线及广电发射塔

1996 年，为支持做好信号中转工作，特许县广电局在测站东南角建一幢工作用房，1 楼安置设备，楼内被山石占了一半，2 楼 3 房 1 厅供三人住宿。

为了做好 2008 年 8 月 8 日北京奥运会的转播工作，县广电局在此时间点前，于测站北侧百米处建好铁塔转播机站，原在测站内的差转机撤除，但广电楼房仍保留，主要是因为铁塔转播机站内的噪音大，不适合人员居住（上图右）。

第二，建闽南甚高频电话中转站。

从 1955 年建站到 20 世纪 80 年代中期，天气报文的传输先后为高频短波电台发报和手摇电话邮电局转报。随后，随着甚高频通信技术的发展与应用，天气报文的传输和气象部门的集体天气会商得到了很大的改进。

甚高频对讲机的信号更为稳定，因此逐渐成为 20 世纪 80 年代的主流通信技术，气象部门也适时加以跟进。但因其波长短而易受地形阻挡影响，因此需在高山建立中继站中转信号，才能保证信号的清晰与稳定。

全省 6 个甚高频中转站分布示意图

由于福建省为丘陵山地地貌，高山林立，甚高频无线电话的电波属于直线传播，其易受高山阻挡干扰，因此，从 1986 年起，福建省气象局在全省各地设置高山信号中转站，分别承担相应地（市）的信号中转，其中，长乐首石山雷达站负责福州、莆田两市；九仙山负责厦、漳、泉三地（市）；红尖山雷达站负责龙岩；锣钹顶负责三明；松溪县白马山负责南平；太姥山负责宁德。

九仙山基站的建立，大大提升了闽南地区发报通信水平。

（a）差频中转原理

国家无线电管理委员会把 141（141 MHz）和 147（147 MHz）这两个甚高频频段中的部分频率分配给气象部门使用。141 MHz、147 MHz 分别是二个频段，每个频段占 1 MHz 的带宽，即 141 MHz 频段范围为 141.000～141.999，

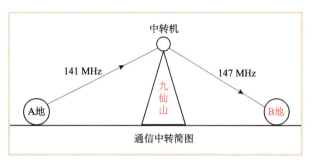

差频中转原理

理论上可有 1000 个频道。由于相邻的频率会相互干扰，因此每个频率前后分别要占用一定的带宽，如 0.4 MHz，中心频率 141.425 MHz 的频率范围为 141.225～141.625 MHz。所以 141 MHz 和 147 MHz 两个频段通常只能分割成几十至几百个频率使用，而其中频道 67 和 70 分别为 141 MHz 和 147 MHz 中的某个频率的编号代码。双方只要将甚高频电台设为相同的频道代码，则频率一样，即可确保双方正常通信联络。

中转原理大致为：A 地：141（67 频道）发→九仙山中转机 141（67 频道）收→九仙山中转机 147（70 频道）发→B 地：147（70 频道）收；B 地发 A 地也一样。即发射方发射的是 141 频率，而接收方用 147 频率接收，收发不同频，此即为差频中转。

老同志陈孝腔介绍，市局及各县（市）之间的会商所用甚高频，系由九仙山差频中转。

（b）甚高频电话中转建奇功

1986 年 4 月 6 日起，福建省气象局业务处童忠铮处长率队在山上安装好甚高频电话中转站；

甚高频电话发挥应急作用的记录

1986年7月11日，电话线因12级台风影响而中断，山上及时利用甚高频电话与德化气象局联系（此时尚未正式业务运行），由其转发报文，关键时刻，甚高频电话发挥了应急作用。此后随着甚高频电话技术的稳定，台站之间的通信转以甚高频电话为主，手摇电话则在甚高频电话出现故障时应急使用；

1987年3月3日，完成甚高频（VHF-RT）中转器改装，141 MHz和147 MHz两部甚高频正式投入使用；

1988年5月，童忠铮处长和糜建林同志上山安装甚高频通信电话的方阵天线，方阵天线由两组八木天线单元组合成，收、发信号的强度为两组单元叠加而增强，因而大大改善了九仙山与福州省气象台通信科的甚高频通信效果；

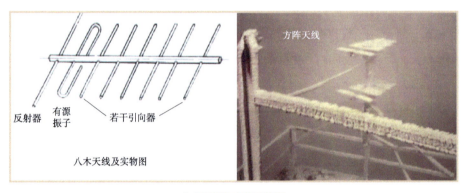

八木天线和方阵天线图

但1988年6月16日甚高频中转器被雷打坏，损失惨重，这天是老同志周振樟上班；

利用甚高频发报情景

1988年9月1日，甚高频电话正式用于发报，天气报和航危报均可顺利发送给福建省气象台通信科高频组，而上下级台站天气会商也采用甚高频电话。

山上甚高频中转站既解决了自身向福建省气象台发送天气电码问题，也解决了省台与地市台之间、地市台与各县站之间的通信中转问题，上下级之间的天气会商得以有条不紊地展开。上图为值班员工作通话情景。

1991年11月13日，福建省省长贾庆林到山上慰问，在仅5 m²的拥挤的值班室内，省长还饶有兴趣地通过甚高频电话与省台通信科（代号847）通话；1994年，中国气象局邹竞蒙局长和泉州林大穆市长等领导则在泉州市气象局通过甚高频电话问候山上人。以下是当时记录情况。

有关领导使用甚高频通话记录

1995年，测站南面移动通信塔建好，购买"大哥大"手提电话（下图左，当年泉州市何立峰代市长陪同省委宣传部赵学敏部长上山慰问后解决）。

1997年12月16日开通程控电话，全省电话普及，甚高频电话弃用。

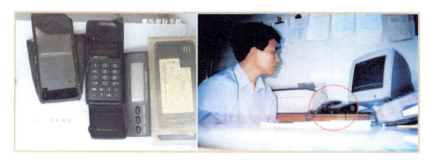

当年所用的"大哥大"手提电话和程控电话

（c）几种电磁波传播信号的区别

高频短波通信。早期20世纪50、60年代，九仙山气象站采用32 m长π型天线的电台发报机，其属于高频短波，频率在3～30 MHz、波长在10～100 m。短波通信系电波向上空发射并靠电离层反射传播，不受丘陵地貌地形的影响，可直接与福建省气象台（在福州市）通信，不需通过长乐中转。由于电离层的高度在白天和夜间是不一样的，电离层的这种不稳定性对于信号的传播影响较大，所接收的信号即通话声音常出现杂音而不够清晰。

甚高频超短波通信。其波段频率在30～300 MHz，波长在1～10 m，也称米波通信，每秒钟振动100万次叫1兆赫（MHz）。超短波具有电波直线传播的特点，在有效通信距离范围内，具有信号稳定、通信容量大、可靠性强、音质清晰等优点，由此被广泛应用于传送电视、调频广播、雷达、导航、移动通信等业务，FM广播就使用这个频段75～108 MHz。但易受地形干扰影响，故需高山中转。

微波通信。微波的频率更高，在300 MHz～300 GHz，波长在1 mm到1 m之间，微波也是分米波、厘米波与毫米波的统称，天气雷达使用该波段。其信号也易受地形干扰，故设备也需架设在高山。

第三，水利雨情中转站。

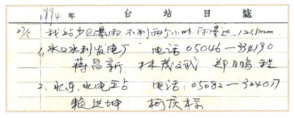
前来安装雨情中转站的水利部门人员

德化戴云山脉是闽江流域的上游降水区，此地的雨情对于水库的调度、发电等安全生产至关重要。1994年5月27日，福建水口水电站（在闽清县）和水东水电站（在尤溪县）前来安装雨量自动站信号中转站（上图）。下图为1995年和2005年的雨量自动站外景。

水利部门安装的雨量自动站

第四，20世纪90年代长城传呼机在此建中转站。

（5）发挥余热风力机

1987年起通电后，但风力机并未完全退出历史舞台，主要也是因为山上的大风、雷暴及冰冻等经常弄断输电线路，山高路远，维修施工困难重重，使得专业电力维修队难以快速上山处理，而山上的工作又不能停，因此，风力机还可以顶上一阵子，故有备用之功。

当然，山上的太大风力以及特有的上升气流影响，导致整座风机不稳，风叶、尾翼常被强风撕裂，限速棒齿轮断齿而失去控速功能，故风机在九仙山上较难生存。

风机修复记录

作为当时的前后任站长周振樟和李良宗两位技术高手总是闲不住，风机一旦坏了就自己动手修理：对于断裂的尾翼，焊接即可；而有裂痕的风叶则只能换新的玻璃钢材料；坏的限速棒则换掉变速箱里的齿轮。

台站记录显示（上图），1989年12月28日，新的风机正常运转、发电。但在随后的一次大风中，其中的风翼被风吹走，过后在测站西北侧山脚下的黄山村找到，足见山上大风的厉害，下图为1990年1月16日的照片，显示风翼已丢。

一次风翼被刮走记录和风动石

大自然的神奇总有超乎人的想象。人说蚍蜉撼树不自量，山顶的这块风动石（上图右），却日夜与风苦苦相搏，无奈还是不敌无影之风、闻风而动。它的存在也见证了九仙山顶的强悍风力。石头上的"虫二"二字，乃"風""月"去除边框而得，寓此处有无边的风光。

风撼磐石，则吹走风叶风翼，实在是家常便饭了。

1990年7月26日，风力发电机再次修复正常运转工作。

前述的福建水口水电站前来安装风力发电机，其可能是利用了原来的风力发电机，用以解决水利部门雨量自动站通信中转的用电问题。因为九仙山是闽江流域的雨水上游地，故雨情至关重要。当然，此仅为解决用电的途径之一，站里的市电也是来电之一，只是市电常受雷暴和大风影响而出故障，故还装了太阳能板，但常年的云雾也不能确保有足够的蓄电，不得已"三管齐下"。

由现为安溪县气象局的张金超局长（在山上时间1994年7月—1996年7月）在1995年拍摄和2001年肖再励拍摄的图片表明，直至2001年风机还在正常工作，但2005年风机已不在。

风力机的最后存在时间

（6）电断，工作不可断

山上的糟糕天气并不能让市电顺畅上山。遇上雷暴、大风以及雨凇、雾凇冰冻天气，则电线断线、电杆折腰发生频繁，尤其是在长时间的零摄氏度以下低温和雨雾天气下，长长的电线上不断凝结的雨凇、雾凇如滚雪球般越积越多越重，高压电杆和电线往往不堪重负而断塌。

断电的日子里只能依靠柴油机发电或蓄电池来保证业务和照明用电，一旦冷天长时间维持，则柴油和蓄电池只能省着用，宁可自己点蜡烛和煤油灯，也得保证业务工作的正常运行。

下图为1988年2月18日台站日志记载冰冻折杆断电情况。

因冰冻而折杆断电记录

1996年春季，我解放军举行声势浩大的台海军事演习。为了做好这项军事政治任务的气象服务保障工作，福建省气象局发文要求从2月15日至3月31日每天每小时均需观测与发报。

克服冰冻天气做好军事服务记录

1996年春节（2月19日）前后，由于受低温连阴雨天气的影响，山上出现严重的雨凇、雾凇结冰现象。从1月26日—4月3日，共出现7次雨凇、雾凇过程，其中2月20日最为严重，南北向1 m电线的雨凇、雾凇直径64 mm，厚度35 mm，重量1320 g，以致在次日即2月21日（正月初三），8根高压电杆、两条高压电线终于不支倒地并折断，自此山上断电，而零摄氏度以下冰冻天气，水管冻结也宣告停水，各种困难集中而来。上山的公路结满了冰，到处是坍塌的山石和被雨凇、雾凇压倒的树木和电线杆，交通完全阻断不能通车，使得直到天气稍暖的4月19日，山上才经县电力公司修复线路恢复通电。这次停电长达2个月。

九仙山 1996 年冬春雨凇、雾凇状况（南北向）表

日期（年月日）	现象	直径 /mm	厚度 /mm	最大重量 /(g/m)	最低气温 /℃
19960109	雾凇	21	5	20	-3.4
19960126	雾凇	18	6	50	-1.0
19960201	雾凇	13	5	不必测	-1.4
19960220	雨凇、雾凇	64	35	1320	-0.2
19960227	雨凇、雾凇	5	4	不必测	-2.0
19960310	雨凇、雾凇	7	6	不必测	-0.2
19960403	雨凇、雾凇	13	7	12	0.0

由于天气寒冷，又需每小时观测，工作量大增，上山人员也相应剧增，用电和食物需求量大，特别是在 2 月 21 日断电后没几天，备用的柴油、蓄电池也"弹尽粮绝"。

在军事演习关键时期，军事气象情报可不能因断电而停发。怎么办？只能下山购买柴油、蓄电池和食物。可路已被坍方的乱石和断折的树木所阻而不能通车。

冰冻堵路和获表彰情况

活人岂可受尿憋，挥斧劈障闯危途。站长林玉仙毫不犹豫地带领留站的非值班人员带上斧头、锯子，一路清除路障，为肩扛干电池的原党支部书记涂金盾和挑柴油桶的同志们开路，经一路的艰辛与坎坷，终于保证了观测仪器正常运行和发报所需用电。在断电、停水、路难行的那段时间里，大家一起克服了前所未有的困难，为军事演习及时而准确地发送气象资料。此后得到了演习部队的表扬，也被省气象局评为"军事气象保障任务先进集体"。

银装素裹固然美丽，但雨凇、雾凇对于电力设施和道路的危害似乎永远无解。在未来的日子，同样的困境依然，冰雪的考验终无尽头。2016 年 1 月 25 日凌晨，九仙山顶最低气温为 -15.6 ℃，甚至破了历史纪录，测风塔变脸为"九层妖塔"，"狰狞的面目"永远挥之不去。

一次山上冰冻情景

3. 水——天赐甘霖水上山

山上远离城区，自来水当然不能自来。在 1987 年未通水之前，只能"靠山吃山、靠水吃水"了。

（1）天上雨雾水

好在九仙山的湿度大，雾日雨日多，年均雾日 268 d，降水日数 191 d，年均雨量 1737 mm。有了"老天爷"的恩赐，在测站东侧下方落差 20 m 左右和 80 m 的地方，分别自然形成两个水坑，为早期唯二水源。水坑直径均约 1 m、深度约 1.5 m，汇集四方流水，只是离山顶落差不同，汇水量自然有别，下方水坑的集雨量多了不少。

上下水坑位置和种菜情景

① 20 m 处水坑

水是"命根子"。雨天水量大时，为了不让溢出的雨水白白流走，于是在水坑 1 下方落差约 5 m 处建了个小蓄水池。

水池位在停车场东北方向下方，后又在其西南上方建一个过滤水池，作为饮用水，而下方小水池内的水则用来洗衣服和浇菜。种的菜有佛手瓜等。

山上也并不是天天下雨，资料显示，尚有 170 多天无雨的日子，特别是秋冬寡雨季节，此时用水可不易。

下图为 1998 年炊事员林政朝同志在水坑 1 取水情景，当时虽已能抽水上山，但时值严冬，水管结冰。因当年危房改造和装修，厨房临时设在南侧车库上的 2 楼，故取水后向南走。老同志陈孝腔回忆，此前图上的小路是没有的，到处满是小竹子和灌木丛。山顶风大，所以这些小竹林和灌木丛都很矮，但很茂密，顶部平整，没有灰尘，我们平时晒衣服都是直接扔在上面，没有用过衣架。

1998 年在上水坑取水情景

2013 年 6 月 18 日，抽水机出现故障而停水 3 d，大家只好到水坑 1 处舀水和抬水（下图，苏文元摄），此时厨房已搬回北侧原处，故走北边小路。

2013年在上水坑取水情景

②80 m 处水坑

随着山上人的增多和业务的拓展，用水量大增，只好下山到此水坑取水。

山高水长量自多。此水坑离山顶80 m，没砌水泥，有泉水咕噜噜由下往上冒出。据庄栋生站长的爱人回忆，当时（20世纪70年代）在此处洗过衣服；良成副站长回忆：水坑下面的两个水池可能是下面寺庙所建，我们是松林下面小竹丛内的水池，没砌水泥；而老同志颜进德则回忆说，两个水池为气象站所建，1989年灵鹫岩寺翻建用水量大，冬天不够水吃，跟老周站长联系，便送给灵鹫岩寺使用。

老同志邓纪坂回忆：在1970年之前，一般由炊事员或勤杂人员负责挑水（水坑1），偶尔其他人也会帮忙，站长庆忠也挑过。只有到赤水或上涌采购生活物品和人员

下方水坑和挑水村民

调动搬行李等，才会雇人挑，每担（100 斤）5 元钱。

20 世纪 70 年代起，在严重干旱或单位基建等用水需求量大时，只好到下方水坑 2 取水。由于离站较远，则有时只好雇村民挑水，70 年代每担 2 角，80 年代升为 5 角和 8 角。上图右两位女同志是母女，是鸡髻垵村老乡，站里雇请她们一家挑水。这一家人兄弟姐妹多，有 7～8 个，大家轮流挑水，不用担心无人来挑水，平时还负责山上公路的养护，每公里每月养护费 16 元。

挑水这份辛苦钱可不好挣，山陡路无，平时空手走路都费劲，若摔倒洒掉，就白费工夫了。与水打交道的炊事员林政朝对此水坑情有独钟，记忆犹新，因此毫不费力地找到了这个水坑。

仅靠区区雨水来确保常年用水不断，则无异于天方夜谭。除了雨水之外，雾凝水也是水坑重要来水之一，当然，冬半年的雨凇、雾凇和冰雪也是难得的水源。

据老同志回忆，在早期，上端水坑 1 周围长满小竹林和小灌木丛（如下图左），雾时每天的来水量大约一担，一般早上和傍晚各可提回一桶，吃水勉强可支撑，大手大脚地用当然不行。可以认为，两处水坑的水源必不可能是来自于地下水。

真可谓，天无绝人之路，山上的多雾和冰雪凇也建"奇功"。

③雾凝水佐证

阴雾天也会有一定的流水"进账"，为山上雾凝水所成。

ⅰ）实物佐证

佐证 1：在离测站南侧直线距离约 250 m 远的山顶，有一颗常年不断的"下雨树"，即使在晴朗无雾的夜间，由于山顶夜间气温下降较快，空气中的水汽凝结迅速，因此山顶上四处可见的黄山松都有"下雨"神功，雾天时都会"滴嗒滴嗒"不停流，地上总是湿漉漉的。

佐证 2：测站南侧 100 m 处、弥勒洞上端的一块"石井"石头，常年有水，不因蒸发而干枯，堪称奇观，实乃雾凝水之功。

雾凝水佐证

ii）水坑雾凝水量的理论推测

据观测，无降水时的雨量筒内一天雾凝水量有 0.1～0.2 mm。若山上水坑的有效集雨面积是 300 m² （不到半亩地），则 0.1 mm 的雾量可有 0.03 m³ 水，即 30 kg。一个直径 28 cm、高度 40 cm 的水桶，容积约为 0.025 m³，即 25 kg 水，0.03 m³ 水只有 1 桶多。

上述提及雾天时水坑每天的来水量可有一担水即两桶，则 0.1 mm 的雾凝水量不足以提供两桶水量，而且，所谓的雾日也并非整天是雾，且地表也会渗透些，则雾量也大打折扣。那么，这么多的雾水究竟来自哪里？

经过辨认照片上的山坡植被和实地考察，推定茂密的植被"功不可没"——其大大增加了拦雾面积。具体推算如下。

（a）雨量筒集雨面积计算

雨量筒直径 20 cm，深度 15 cm，圆锥体的表面积公式 $S = \pi r^2 + \pi rh = \pi r(r+h) = 785$ cm²。

（b）植被集雨面积计算

在一个 20 cm 直径的盆内，装 56 朵塑料叶（下图），其面积计算如下。

叶面积。每朵 8 枝叶，每枝 4 片叶，2 片大叶半径 0.45 cm，2 片小叶半径 0.25 cm，共 745.56 cm²，每叶两面，共 1491.12 cm²。

树梗面积。叶梗直径 0.1 cm，长度 2 cm，圆柱的表面积公式：$S = 2\pi r(r+h) = 2 \times 0.05 \times 3.14 \times (0.05+2) = 0.6437$ cm²，总表面积 $= 56 \times 8 \times 0.6437 = 288.4$ cm²。

枝托面积。正方形枝托，长度 1 cm，面积 =1 cm²，双面，总表面积 $=56 \times 1 \times 2 = 112$ cm²。

盆面积。装塑料叶盆子的面积，假设与直径 20 cm 的土壤面积相当，则其面积 $= 3.14 \times 10 \times 10 = 314$ cm²。

总合计 $=1491.12+288.4+112+314+439.6+307.7=2205.52$ cm²。

树叶集雾量计算

计算得到植被的拦雾面积为雨量筒集雨面积的近 3 倍（2205.52/785=2.8）。由此可推断水坑雾凝水量为 0.3 mm，可汇水 0.09 m³ 水，即 90 kg，约 2 担水，此与实际较吻合。

iii）实验观测验证

将一个直径为 20 cm 的塑料空盆及装有塑料叶片的同样大

小的塑料盆放置于上有遮雨的露天中（下图左），每天 20 时量取盆中积水，即为塑料叶片凝结的雾量，实测 0.3 mm。

不过，"老天爷"也不可能天天下雨或罩雾，总有"开天"的时候。若连续晴天，则水量必极小，水汽凝水毕竟杯水车薪，则大家只能乖乖地到下方水坑花力气提水。

树叶集雾量实地测量和找冰情景

（2）地上融冰雪

一种糟糕的情况是，遇到零摄氏度以下天气时，水皆冻结，则只能到处寻找积雪和冰块（上图右），用斧头砸坚冰，水池内的巨冰则得力劈。把收集来的积雪或冰块放入大铁锅内，火煮融解，取走上层水存入大水缸，倒掉锅底残渣，算是过滤处理。这是早期的应对办法。此情此景堪与深困荒岛中的鲁滨逊相媲美也！

冻冰、积雪和雨凇、雾凇为冬季山上的重要水资源。据统计，山上雨凇和雾凇的年均总数分别有 16.6 d 和 19.5 d。

九仙山南北向和东西向雨凇、雾凇前 5 位排行榜表

	日期 （年月日）	现象	直径 / mm	厚度 / mm	最大重量 / （g/m）	气温 / ℃	风向	风速 / （m/s）
南北	19800131	雨凇、雾凇	330	168	4371	−8.0	N	7.1
	20160124	雨凇、雾凇	180	110	3202	−11.9	N	9.0
	19761115	雨凇、雾凇	187	无测	2707	−3.0	SE	9.0
	19830120	雾凇	265	80	1960	−5.3	NE	9.0
	20160215	雾凇	100	82	1645	−3.3	NE	7.0
东西	19800131	雨凇、雾凇	176	130	2537	−8.0	N	7.1
	20131219	雾凇	250	65	2527	−2.6		7.0
	20121224	雾凇	210	60	2206	−4.8	E	7.0
	19911228	雨凇、雾凇	108	34	2200	−10.6	N	15.0
	20100310	雨凇、雾凇	191	68	1922	−9.3	N	12.0

山上雨凇、雾凇的强度令人难以想象（见上表），往往颠覆人的认知。1980年1月31日的一次强雨凇、雾凇，测得1 m电线的结冰量为4371 g，直径330 mm，厚度168 mm，最低气温 –8.0 ℃。当时福建省气象局气候中心负责审核报表的领导提出质疑——在闽北的七仙山气象站气温 –10 ℃，气温更低，但结冰量只有1000 g，远比九仙山少。但实际却是九仙山多，应该是水汽充沛之故。

据分析，强雨凇、雾凇的条件：<–3 ℃，大风，雨雾持续时间长。下图为2012年12月23日中午所拍摄的雾凇情景。

2012年12月23日观测场的雾凇情景

云雨雾为山上用水解了些许忧愁，从中也可以想见，云雨雾为不可忽视的空中水资源，此为空中水资源的开发与利用提供了难得的研究基础。

（3）水上山

光靠"老天爷恩赐"终归也不是办法，有了电，才有可能从根本上解决水的问题。1987年3月，福建省气象局依胡平省长指示，购买一台12 kW以上的柴油发电机，以解决抽水的动力问题；1987年6月23日，在测站西侧山下仙峰寺附近的龙池边找到一潭水并安装了抽水机，同时建蓄水池和铺上自来水管道，长期挑水的历史终于宣告结束。4月7—16日，北京钟光荣同志第三次上山时，可能此时蓄水池尚未建好。

抽水上山解决情况记录

山下龙池边（下图左下角）的抽水机配电房所用的三条电缆线系从罗山雷达站拉来，该站当时正处于撤站当中，一些设备废弃无用，正好省了一笔钱，减轻了山上负担，也从长乐雷达站运来一些电缆。欧阳再根同志打了一张 8800 元的借条买来水泵（即抽水机）。

龙池水池离山顶高差 130 m，直线距离 240 m，但水还是抽不上山。经分析发现，原来是山上气压低所致。而下图右上方的新水池与山顶的直线距离 330 m。

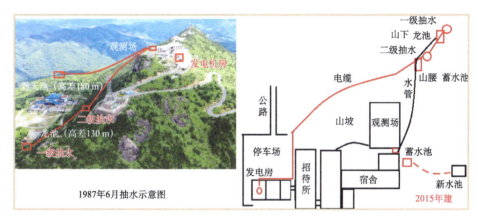

抽水示意图

①水泵抽水的压力大小计算

水泵吸水是靠大气压力把水压上来的。一个标准大气压 1013 hPa 能把水压上来的高度：$h=P/(\rho g)=101300/(1000\times9.8)=10.34$ m，但山上的平均气压只有 830 hPa，一个标准大气压的水泵，在山上所压上的水柱高度只能达 8.5 m，把水抽到 130 m 的山顶，需要抽水机的压力应达到至少 15 个大气压，此 15 个大气压在山下可抽到 155 m，故另换来压力可达 15 个大气压的抽水机。

山上环境总是会带来意想不到的麻烦。但失败了重来，人人皆师傅。

②山上抽水的流量估算

把水抽上 H 高度，水的重力势能为 $E_p=mgH$，单位为焦耳（J），水泵的轴功率 P（W）$=30$ kW$=30000$ W，$t=1$ s，扬程 $H=130$ m，泵的效率 $\eta=70\%$，一般 $50\%\sim90\%$，大泵 η 较高，求流量 Q（m³/s）。

（1 W$=$1 J/s，水的密度 $\rho=1.0\times10^3$ kg/m³，1 J$=$1 N·m，1 N$=$1 kg·m/s²。）

根据能量守恒定律，把水抽上 H 高度，水泵所做的功 $W_\eta=mgH+1/2\ mV^2$，假定水被抽上山后的速度为 0，则 $W_\eta=mgH=Q\rho gH$，$Q=W_\eta/(\rho gH)=\eta Pt/(\rho gH)=\eta 30000\ W\times1\ s/(1.0\times10^3\ kg/m^3\times9.8\ m/s^2\times H)=3.06/H$（J m³/（Nm））$=2.14/H$，即：$Q=2.14/H$。

龙池到山顶的扬程 H=130 m，代入上式即可算得流量是 0.016 m³/s（59 m³/h）。

若水池为 1×2×3=6 m³，现有水泵的轴功率 P（W）为 3 kW，则抽满所需时间计算：

Q（m³/s）=0.214/H=0.214/130，t=6×130/0.214=3645 s=1 h。

3 kW 的水泵，其流量在每小时 4～35 m³，扬程在 10～150 m。本例中，3 kW 的水泵，对于扬程 130 m，其流量为 5.9 m³/h。

③发动机的动力要求

由发动机带动转子旋转切割导线而产生交流电，足够大的发动机才能产生足够大的电压或电流。12 kW 的发电机所需的发动机马力=12/0.735=16.3 马力，即至少需要17 马力。若柴油发动机的马力不足，则将导致输出的电压达不到 220 V 而或只能达到160 V 等。电压不够，则会出现如灯泡光线暗淡不明亮的效果。

因柴油发动机的马力不足问题，山上抽水只好采用两级方式，即在山腰再设立一个蓄水池，因此需要两部抽水机，即二级抽水。

1987 年 9 月 26 日通电后，就不必靠发电机发电了，抽水用电更为方便。

可是 1991 年 12 月底的强寒潮，两台水泵因内部存水冻结而胀裂。

两部抽水机被冻裂记录

抽水处的龙池，原为沼泽多淤泥，水脏不干净，后来进行过滤处理。

龙池水

更糟的是，山缝的出水量少，特别是秋冬雨少多干旱，加上附近寺庙基建用水多，吃水还是不能得到保障。

2001年8月17日，泉州市常务副市长何锦龙上山慰问，充分肯定了气象站"吃苦、敬业、奉献"三种精神，在了解到山上吃水困难后说道：你（站长）今天只提一个吃水问题，山上的困难肯定不止这个，还有很多，自己刚任副市长，第一次批款，站里提出的10万元经费定不打折。

有了这笔款，在龙池下端建了新水池，并采购大功率抽水设备，用炸药炸大了泉眼，一级抽水即可到站，这才总算彻底解决了用水之忧。龙池水汇集的山水，清澈甘甜。

2015年，气象站彻底改造工程正式动工。因用水剧增，只得另辟新的大水源。西侧山下一处昔日烧炭凹地已成一汪清池，水深面广，正好得用。

2023年4月11日，一帮人下山前去探个究竟，小路已被落叶掩盖，坡陡地滑，当年施工的艰辛难以想象。在水池边，意外地碰到一只在晒太阳的竹叶青蛇，此蛇剧毒，这把大家吓了一大跳。

探查新水池及碰到的蛇

蛇是冬眠动物，怕冷，天气暖和时才出洞，因此，九仙山的夏夜老鼠蛇多，一到晚上，山上降温厉害，这种剧毒老鼠蛇常常会潜入室内避寒。老同志介绍的一次蛇咬伤人事件可谓惊心动魄：1972年6月的某个午夜1点多，上小夜班的陈天送同志发完01时的报文之后，即可交接下班，想到白天会天晴，于是拿烟叶准备到厨房大锅炒干，以便晾晒。走廊无灯昏暗，不料在厨房门口踩到软乎乎的蛇身，因穿着拖鞋，毒蛇反身一咬其脚后跟，迅即逃脱，老陈紧追几步欲打蛇，终不支倒地。住在厨房附近的正要上大夜班的林玉仙同志连忙喊来大家，几人赶紧把伤者抬到床上，将衬衣撕成布条绑住小腿，几人到各房间找蛇药，无果，只好在伤者房内翻箱倒柜，把所有的东西都倒出来，幸运的是，找到一瓶，但药瓶外壳已发霉，擦净才看清字迹，按说明书涂药水于伤口，并口服，但此时伤者已昏迷，牙齿咬在一起，不能张嘴而不能喂服。

许是药的作用，很快流出黑色血液。原来干瘦的伤者，双腿已肿得像馒头。站领导李清淡连忙打电话给县武装部（此阶段气象站隶属部队管辖），一副政委接的电话，让大家赶紧送伤员下山，同时派 8 个民兵从山下上山接应，接应时又就地施蛇药抢救。因山区蛇多，每个乡镇卫生院所都配有蛇药，该蛇药是德化县曾华德蛇医免费提供，由头发和草药一起熬制。

山上常见的眼镜蛇和抬伤人下山情景

站里留一人值班外，其余人用担架抬伤员下山，因此时还无通公路，山路荆棘丛生，遂由两人在前方拿柴刀开路，并在一定的距离地方等，以替换抬人，被替换者再到前方开路。

期间，还打电话给县医院，医生指导用利刀将伤口十字划开，以放毒血，但在到赤水卫生院前，谁都不敢下手。

生命终于保住了，老陈说，是大家给了他第二次生命。

老鼠蛇，头呈三角，肤色灰暗，与鼠无异，两者互为天敌。俗称"蛇吃鼠一夏，鼠吃蛇一冬"，乃因蛇在窝巢冬眠，常于睡梦中成为鼠餐，而在夏季，蛇则摸进鼠窝将其"一窝端"，将窝据为己有。蛇鼠一窝，并非"和谐相处"之地，乃是争斗的战场。

多蛇的夏季，夜间的气温还是不高，蛇们自然选择温暖舒适的房屋，如 2023 年 8 月 10 日 08 时 19.7 ℃，9 日最高 25.4 ℃，10 日上午 08 时左右，女炊事员老蒋欲走出 2 楼，猛见落地玻璃门外蜷缩着一团似草绳的东西，好在平时有所警惕，在门内细看，竟是老鼠蛇，赶紧喊来胆大男同志，予以"歼灭"。

女炊事员见到的蛇

但使用了抽水设施并非万事无忧，零摄氏度以下低温天气则会将蓄水池和输水管内的水冻成冰。由于冰的密度 0.9，比水的密度 1 小，在水结为冰时，冰的体积比水的大，结果就把水管给涨裂了。

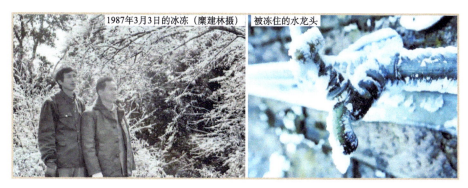

冰冻及冻结的水管

应对零摄氏度以下低温冰冻天气的办法，大家都很有心得：首先是早做准备，提前在室内储好水；其次是排空抽水设备内的存水，避免水管胀裂现象。

其他应对办法因事而异：汽车发动机的水箱内的水被冻住，只得以取暖器加热融解；水管被冻住，没被冻结的水池水还可提着用。

应对冰冻情景

寒冷的影响无所不在。

4. 住——孤零寒舍变"金窝"

20 世纪 50 年代建站时的业务楼和住宿区共 280 m²，外围以条石砌墙体，内部以木头隔为若干房间。因是木头，也方便了此后因各种功能需要而拆除改变，但不密实的木头板墙自是难挡寒湿，直至 2019 年才彻底改造为今舒适大楼。几次建房内容、时间和施工单位分述如下。

（1）1955 年建站

走廊在宿舍中间，施工单位：福建省第五建筑工程公司，工期约 3 个多月。

房子概况如下。

大门在北侧，外有上下两个坪地，东侧坡地有一间单独的柴火间，放置大家砍来的柴火和冬季用的木炭。木炭系由雇请当地烧炭工在测站西侧下方落差约 150 m 的山腰小平地处烧制（后成为如今的水池），柴火间由石阶直通厨房。北端则建有户外男女厕所。

上下山只有北侧一条小路，从山顶与山下灵鹫岩寺庙之间的山坡向南横穿而下，此时测站南侧尚无下山小路。据老同志周希明回忆，他在的 1955—1957 年间，大家主要还是到赤水镇区办事，赤水是个大镇，有银行、邮局和车站等，且山路不陡，很少去上涌乡，仅有一次到上涌，是去看高甲戏演出，由当地人、通信员陈天送带队，同去的还有徐竞成、李炳元、濮政和等，傍晚出发，看完摸黑很晚回来。

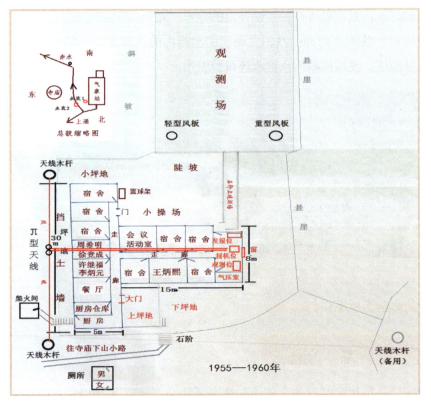

建站初期台站布局

庭院东侧有一篮球架，仅能容 6 人打球。

房子内部结构。

①地面。由木梁为支架，架在凹凸不平的石头墩上，再铺上不易滑倒的木板。木梁架下悬空，外围石头墙体下端留有通风口，利空气流通，木头不易受潮而腐烂。不想，该通风口此后可能成为球形雷暴潜入室内的最好通道（下图）。这是 2015 年拆房时所看到的地基情况。

建站初期房屋结构

②墙体。房与房之间由木板隔开，每个房间上端再扣上木制天花板，一防屋顶潮湿滴水，二也美观，每个房间 4～5 m^2，俨然一封闭的木制六面体大盒子。

木质结构的防潮和保暖相对好些，而走动多的公共走廊只好采用水泥铺地。

下图左为 1956 年气象站照片，图中为架设的天线走向，木杆连线的垂直方向指向福州；下图右为 1957 年 3 月 10 日站长王炳熙离任前在北侧大门集体留影纪念，前排左起陈天送、高希曾（新任站长）、站长王炳熙、站长夫人、许继福、涂财源；后排起炊事员、周希明、童忠铮、陈文灿、陈文洼、李炳元。此也说明此时的大门在北侧，由北出入上下山。本照片系老同志周希明（在站时间：1955 年 9 月—1957 年 7 月）提供。

建站初期台站布局和人员

下图左为 1956 年 5 月 4 日的照片，右为 1965 年的照片，房子的总体结构几乎没有变化，该照片是观测员张水斌同志在 1965 年 2 月 7 日调离九仙山、赴同安县气象局上班前夕（2 月 2 日春节之后）大家欢送时的合影，1 潘如润、2 邓纪坂、3 陈锦民、

4 陈庆忠、5 陈天送、6 谢林光、7 叶明心、8 张水斌、9 黄秀羡、10 何温柔、11 赖开岩、12 陈良器。

建站初期人员

（2）1966 年，另建餐厅、扩建厨房、报房迁移等改造

为改善办公和生活环境，扩建了厨房和餐厅，东西向房间一排为 4 间，含值班室 1 间和 3 间宿舍，共 4 个窗（站貌图见下页）。时间推测在 1966 年建。

1966 年建之证据：1965 年照片无扩建厨房，而 1967 年良成和玉仙两位同志上山已有；通讯员兼勤杂员的叶明心同志回忆，其 1965 年 10 月离站时正在筹备计划（叶明心，德化国宝人，现住在德化县城关，1960 年 7 月上山）；老同志邓纪坂回忆：1966 年在餐厅大门外上评地上建一间厨房餐厅，我 1973 年离站前，站房内都没有厕所，因为都是男同志，小便就有点随便。此时站长为陈庆忠（1960 年 10 月—1973 年 4 月）。

发报所架设的电话线杆

根据台站记录记载，1960 年 4 月 1 日雨凇、雾凇压断电话线，可判断在 1960 年架设电话线，经调查，该电话只是联络通话之用，电话摇到赤水邮电局话务室，由话务员转接到所需单位。该电话线路为：赤水邮电局机房—小铭村（当时叫团结大队）—九仙山气象站，即小铭村与九仙山气象站共用一线，因此，摇电话时，另两处的电话会同时响铃，若接听到的不是自己的，就会立即放下，可见该电话并非发报专线，发报仍用电台。

1963 年 12 月，架设与德化邮电局报房发报专线和赤水邮电局话务专线（如上页图），电台逐渐被取代，仅为备用。每一路专线由两条线构成，这样共 4 条。为防断线，小铭村以上路段的电话线采用 8 号铁线（直径 4 mm）。

1965 年，电台搬离测报室，放到下图 12 号房，为报务备份室。电话机放在观测值班室（玉仙回忆）。

由于电话线常被大风和冰冻弄断，大家需沿着电话线路检查与维修，久而久之，测站南侧被蹚出一条下山小路，南大门应运而生，北大门和北侧下山路逐渐被取代。

1967 年出现雷击事件，此后设立了 5 根避雷木杆，1971 年 6 月 1 日起增加电接风仪器木杆，测风速由风板改为 EL 型电接风（由后文推断，而崇武气象站是 1969 年 9 月 1 日改为 EL 型电接风，1992 年 1 月 3 日改为 EN 型风速处理仪，EL 型为人工读取观测数据，EN 型为自动处理，自动记录与打印各种风速记录，减少人工误读）。

（3）1971 年 9 月，惠安机场部队建通信机房和工作室（后改为乒乓球室）

1971 年（可能在 7 月初），部队军事之需，在测站南侧入门处开建两间通信中转站用房，由惠安机场部队所建，雇请的是惠安石匠，工期约 2 个多月。

据老同志庄宗平回忆，部队盖两间房时，共有一排士兵约 30 人，其中一个班到赤水镇采买，另两班扛石头，其中有一姓曹的营长，湖南人，人胡子；一参谋长带队。

据老同志洪家单回忆：1971 年部队建机房和报房，共历时一个多月。一副团长级参谋长带队（可见相当重视），自己住一间，另一个姓田的助理与家单住，高个子，具体管理业务施工和看图纸，士兵晚上

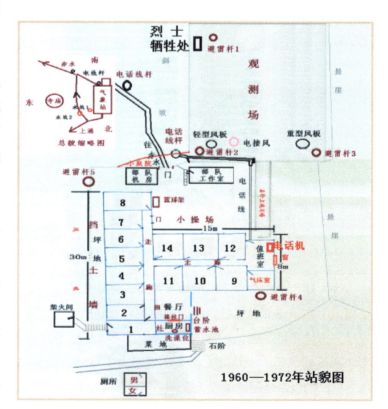

站貌图

睡在办公室和走廊地板，下铺稻草。部队统一煮饭，气象站不再自己开伙，一起吃饭。有一通信班负责到山下采购和运上山，并负责晚上站岗。保密工作强，气象站人员对外写信等通信需受检查，平时不敢互问，互不干涉，因此虽然同住一屋，家单也不敢问田助理大名和老家在哪等问题，只是在办公室与士兵闲聊，说是南方和北方要打仗，大家以为是与苏联打，也就不在意了。

建通信站之前，部队来人先进行信号测试，信号很好。建房时，在山腰炸石，惠安石匠（下图）把石头敲打为宽高一致的条石，再由两个班的士兵们抬上山。还专门派一个班的士兵负责到山下赤水镇采购食物等生活用品以及水泥等建筑材料，并挑上山，也雇请村民挑沙子，从山下赤水镇挑上山，一担100斤，工钱1元。一天一趟，下雨天也不停，湿衣服则使用炭火烘烤。因为是突击任务，艰巨而光荣，战士们纷纷写下请战书。其间雇请山下放影队前来放电影，算是一种享受。据称用了近两个月建成，但1971年9月13日，因重大事件发生，当晚官兵连夜撤走，刚建房子没有启用，后归气象站，分别作为乒乓球室（西侧房）和发电机房（东侧房）等用。1973年4月—1976年4月期间，福建省气象局提供的10 kW汽油发电机，放在1971年部队所建的发电机房内，1976年4月6日被雷打坏。2015年，气象站拆建时，福建省气象局领导陈彪同志力保此两间老房子以作纪念，现堪称"宝贝"。

建部队营房情景

每天几十个士兵和工人的饭菜量多，剩饭剩菜不少，浪费了可惜，于是买了一只小猪，用木头建简易猪舍。冬天要给猪烤火送温暖，才不会冻死，剩饭剩菜堆在桶内发酵再掺地瓜叶、猪饲料等一起煮熟。半年之后，猪也长到1百多斤，因吃不完以及买东西用钱之需，于是就安排人员到镇内卖猪肉。在集市上，大家与村民彼此熟悉，惹得村民们以奇怪的眼神看大家——气象站也卖猪肉！

《卖肉记》

部队盖房，劳累异常。士兵工人，人数颇多。

饭菜量大，剩余难免。买猪一头，好生伺候。

半年长大，遂而杀之。吃剩怕坏，贩于集市。

邻里村民，彼此相识。低头不语，恐见熟人。

村人疑之，凑近端详。猪贩毕露，羞而败逃。

可怜鲜肉，缩水失色。辛苦挑回，白白折腾。

不舍浪费，海吃生腻。此后多日，见猪色变。

1962—1972年73页站貌图中各房间分配情况（老同志邓纪坂回忆）：

1962年12月23日：1～3原为厨房、仓库、餐厅，4赖开岩、5邓纪坂、6张水斌、7谢林光、8郑煌贵、9彭荣卿、10陈天送、11姚鸣凤、12叶明心、13陈庆忠、14会议活动室；

1962年12月27日：洪家单上山，先跟纪坂同住5号；

1963年2月：陈锦民上山，先跟庆忠同住13号，后住几号不详；

1963年5月：潘儒论上山，住8号（煌贵离站）；

1963年9月：黄秀羡上山，先跟天送同住10号。1966年7月，黄秀羡调走；

1963年? 月：陈良器上山，先跟林光同住7号，65年良器调；

1964年4月：何温柔上山，跟儒论同住8号；

1965年2月：张水斌调走，洪家单住进6号；

1965年10月：叶明心离站，12号房空，后为电台报务备份室；

1967年7月：赖开岩殉职，陈天送住进4号，10号房空，后为会议室；

1967年9—11月：林玉仙、林良成、庄宗平上山，分别住3号、14号房；

1967年10月：姚鸣凤调走，潘儒论住进11号（北侧窗外为餐厅厨房，房间暗），70年潘儒论调走；为部队领导让房，邓纪坂住进11号，至1973年4月；

1971年4月：林政朝上山，先跟何温柔同住8号；

1971年6月：温柔调走；

1971年6月：彭荣卿调省局，1971年8月，陈能夺上山，住9号房；

1971年9月：李清淡上山，住5号；

1972年10月：赖初潘上山，跟林政朝同住8号。

（4）1972年1月，值班室2楼建成，改造走廊和房子。

改造内容包括：走廊由两房中间改为在房子南北两侧，而原南北由走廊隔开的房子背靠背并连；建值班室2楼。

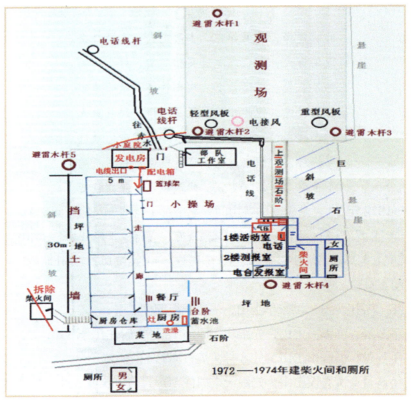

站貌图

建设时间推测：1967年良成和玉仙上山无值班室2楼，1972年记者照片有；根据观测记录月报表显示，1972年1月的"水银气压表水银槽海拔高度1647.6 m"，而之前的高度一直为1644.6 m，其系气压室由一楼搬迁到二楼所致，故可推算完成改造的时间为1972年1月。原1楼值班室则作为乒乓球活动室。该工程由赤水建筑队所建，此时站长为陈庆忠（1960年10月—1973年4月）。下图为1965年2月与1972年11月的楼房变化图。

站貌变迁图

为工作方便等原因，电台也搬到 2 楼北端原气压室，气压室则搬到测报室入门边。

（5）1974 年底，在西侧建厕所、柴火间（站貌图见上页）

在山上，除了大便只能到户外厕所解决外，小便就没怎么讲究了。由于都是清一色男生，户外处处是"战场"，随意"扫射"，酣畅淋漓。然也出现了多次误伤事件——大风将"子弹"吹回打到脸上，这让大家感到建室内厕所刻不容缓。1973 年 4 月，业务高手庄栋生同志由德化气象站调任九仙山当站长，新站长决策建厕所，由此结束使用夜壶和到户外上厕所的历史。

肥水不流外人田，粪便可是宝中宝，大家一起动手，将屋后的小坪地开垦为菜地，有了粪便这一有机肥，长出来的蔬菜新鲜特好吃。曾有一段时间，山下农民会不辞辛苦到山上挑粪，山里人实诚，不随便取人之物，总会送点蔬菜、地瓜之类东西，朴实民风如斯，值得回味。当然，过后建了化粪池，也更卫生了。

柴火间堆放冬天用的木炭。木炭为山下农民挑来卖的，每担 2～3 元，平时大家砍来的柴火也堆放于此，晴天时柴火则堆放在餐厅外小坪地的墙角，方便大晴天时晾晒和厨房就近搬取。东侧小柴火间则拆除。

该工程系由老同志洪家单联系的施工单位，为赤水的栋梁来建，他妹妹丽珠做小工。房子老漏水，但不一定是手艺差之故，山上的大风常刮坏屋瓦，导致好人受冤枉。

（6）1976—1977 年初，测报室迁近观测场、建观测场风楼、二楼改为三间宿舍

1976 年 4 月 6 日，山上出现雷击伤人及汽油发电机房爆炸事件。不久之后，福建省气象局局长黄宸（yǐ）禹局长和凌彬副局长上山慰问，了解到当时人员多、住房紧张等问题，特拨款建设。在观测场下的空地建测报室、仪器室、资料室和配电室，由配电室送电到各房间，原 2 楼测报室则改做三间员工宿舍。

据老同志颜进德回忆：1950 年赤水解放，盘踞在德化山区的土匪多，在当时，黄宸（yǐ）禹同志（1975 年 8 月—1977 年 10 月任福建省气象局局长）率领 200 多名闽中游击队员，从仙游县进入德化县剿匪，在一次战斗中仅剩 6 人，狭路相逢勇者胜，6 人还是硬冲，外加所扔的手榴弹威力大，才把土匪吓退。老颜之所以对两位局长记忆犹新，是因为两位局长分别对他说了几句勉励的话——"年轻人，好好做事好好干""九仙山气象站有吉普车坐，很不错了，在部队只有团级以上大干部才可坐"。

山上是 1979 年才通的路，两位大局长靠"11 路"车两条腿走三个多小时山路，自然让人难忘。

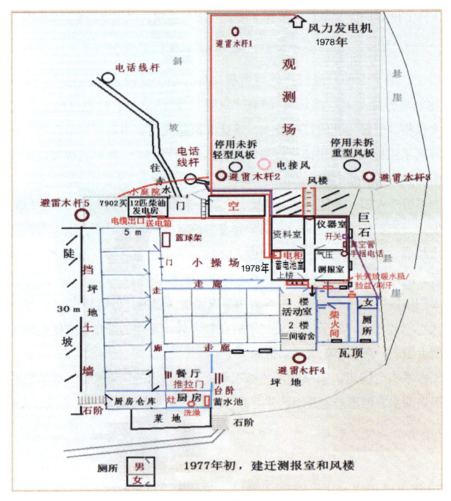

站貌图

相关工程由庄栋生站长（1973年5月—1981年7月）雇请惠安老家的建筑队承建（或可能是陈天送请来大铭建筑队的林华中所建。据称，其技术好，不会漏水）。

建房时间推测：老同志曾再兴1975年12月上山的时候还没有风楼；老同志连友朋1977年3月27日上山已建好风楼（下图右），则建成时间应在1976—1977年初。

1977年初建成后，测报室搬迁于此，此处的气压计高度仍为1647.6 m，说明此处的高度与之前的二楼值班室高度同高（1972年1月在二楼的"水银气压表水银槽海拔高度1647.6 m"），故气压计高度不能作为推测依据。

测报室北侧外是一个窄走廊，一长凳放暖水壶、洗漱用品，走廊北侧开一扇门，平常可在此看风云景色。

1978年4—5月，中央气象局在观测场南端建造风力发电机，中央气象局钟光荣与福建省气象局的李道忠两位同志住在部队发电机房，对门即为1976年雷击坑；1979年

2月福建省气象局买来的 12 匹柴油发电机放置于此。两机发电之电缆接到配电室，所产生的交流电经整流器存入蓄电池，再转为直流电供手摇电话机、电接风和照明等使用。

站貌图

上图左是 1978 年 4 月钟光荣所拍，但看不出两个风板是否被拆除。图中人：左 1 林明春（临时工，1981 年退职）；左 3 曾再兴（1975 年 12 月 26 日）；左 4 赖多兴（临时工，1981 年退职）；左 5 钟光荣；左 6 林玉仙（1967 年 11 月 4 日）；左 7 颜进德（1975 年 12 月 26 日）；左 8 林政朝（1971 年 4 月 1 日）；左 9 连友朋（1977 年 3 月 27 日）；左 10 谢林光（1962 年 10 月 4 日）；左 11 陈锦民（1963 年 2 月 17 日）；左 12 陈天送（1961 年 10 月 4 日）或洪家单（1962 年 12 月 23 日）。（ ）中为上山工作时间。

（7）1979 年 9 月，测站东侧新建一幢二层招待所、车库和发电房

该工程由德化县建筑队承建（也可能是惠安师傅承建）。1979 年 2 月 16 日，晋江地区行政公署出资 8.5 万元，其除了用于解决上山公路资金不足之外（公路竣工于 1979 年 5 月），还用于在测站东侧新建一幢二层 400 m² 楼房，作为车库和宿舍（下图左侧部分）之用，条石墙体，水泥板顶，内部房子以具有防潮功能的木头分隔，二楼为木头地板，但屋内潮湿依然。

其中，车库 1 楼分三间，东侧为发电机房，1979 年 2 月买的那台 12 匹柴油发电机，原先放在

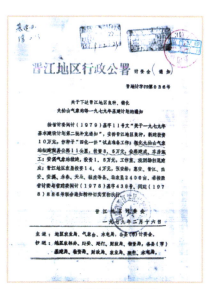

政府支持相关建设文件

部队机房，后搬来；中间为车库，西侧为车辆维修工具室和放柴油油桶，共 10 个。工具室西侧外墙楼梯上 2 楼的转台，转台另一楼梯上连招待所楼房。

1979 年新楼和车库建后，又建了停车场西边的挡土墙，但此时还没建停车场大门。

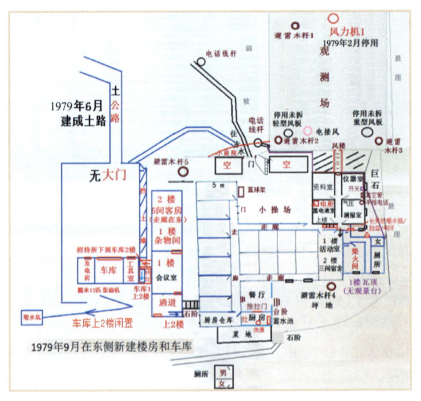

站貌图

车库之上的二楼，因潮湿而一直闲置，直到 2000 年春租给外人当旅游餐厅。其东侧为厨房，西侧为一大间，作为餐厅；二楼顶为水泥板，为东侧最早观景地，四周为闽南特有的花栏杆。下图为 1988 年 8 月风机交流会时所拍，图中三辆车载众多专家上下山。

台站一隅

招待所的一楼北侧为会议室（1988 年全国风力机验收会地点），南侧为杂物间，两者之间是上楼楼梯通道。北侧建石阶向上进入原来老房子和观测场等地。二楼则建 5 间客房，走廊在东侧，方便客人凌晨看日出。1981 年，原住在西侧二楼 3 间宿舍的周振樟等同志搬到此，3 间宿舍暂时闲置。

站貌图

1983 年 10 月，福建省气象局柯小青同志在山上做台风课题时的照片，显示了东侧（上图左部分）多出了车库屋顶等房子；避雷杆仍为木头杆，显示此时防雷工程无改造；南端风力机铁塔并未拆除，该风机塔于 1985 年被改造为防雷塔。

下图为陈少明同志在东侧车库楼顶的留影，云海之上旭日东升美景。

观赏美景的东侧车库楼顶

（8）1985—1997 年：装避雷铁塔、通电通水；建东侧观景台

此段时间内主要建设有：建二代风力发电机；1985 年安装避雷铁塔；1987 年抽水、建蓄水池和改造瓦顶为水泥板、1991 年建浴室等。总体分布如下。

①建二代风力发电机

1985 年 8 月 14 日，第二代两叶式风力发电机再次落户九仙山北边山顶上，由国家气象局钟光荣率队二次上山安装。该机电缆线由西侧一楼的地面通风口接入蓄电池室，此可能是 2004 年球形雷遁入通道。

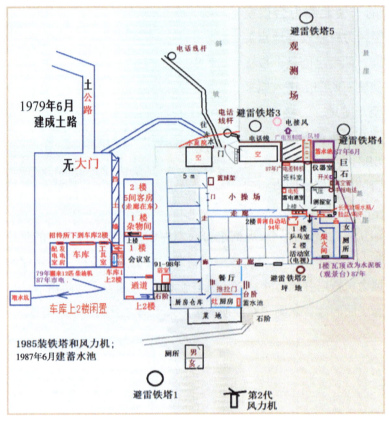

站貌图

②建 5 座避雷铁塔

1985 年 7 月 5 日，避雷铁塔和风力发电机设备一同运上山顶。新装的避雷铁塔位置：北侧原风力发电机边、观测场北端东西两侧、厨房门口，共 4 个；另外，1978 年 4 月安装于观测场南端的已停用的风力发电机铁塔改装为避雷塔，这样总共有 5 个避

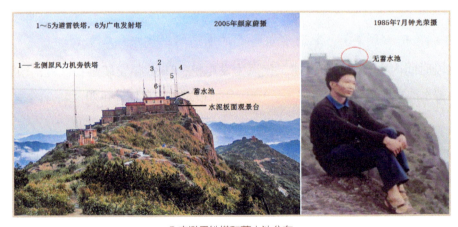

5 座避雷铁塔和蓄水池分布

雷针铁塔。风力发电机和 5 座避雷铁塔实景如上图。北侧厕所边的避雷铁塔在 2015 年大楼改建时向北迁移 20 多米。

③通电

1987 年 3 月省局送来一台 24 匹、用于抽水的一体式大型柴油发电机（输出功率 12 kW）和抽水机也安装于东侧发电机房，这台 24 匹柴油发电机不好发动，又耗油；1987 年 9 月 26 日通市电后，柴油机则几乎不再需要使用于抽水而卖掉，再买一小型汽油发电机，供业务应急，后来又买了一台大一点的发电机。

④通水

1987 年 6 月建好蓄水池和管道并通水，解决了日常用水问题，玉仙 1985 年 7 月拍摄的照片显示此时还没建蓄水池。

⑤建浴室

建站初期的 20 世纪 50、60 年代，站内工作人员大多为北方部队官兵，北方人没有常洗澡的习惯，至多只是简单擦擦身而已；后来，习惯洗澡的本省人增多，大家直接在厨房内洗澡，冬天烧一大锅水就地解决，弄湿厨房也只能将就了；

1987 年 9 月通市电，1991 年 2 月 5 日，泉州市委送来了一台意大利阿里斯顿（ARISTON）公司产的"贵族"牌热水器，这是当时最有名的进口品牌，终派上用场。因使用热水器时会产生大量水蒸气，只能另建洗澡间，最后选在厨房仓库东侧外，此处本就有门，地势又低，水压又够（李良宗回忆：其 1994 年下山时一直放在那里）；1998 年浴室迁建在一楼柴火间（见 86 页站貌图），洗澡问题终获彻底解决。

⑥建观景台

1987 年 3 月 23 日，强对流雷雨大风几乎将所有屋瓦全部刮走，于是只好将柴火间和厕所瓦片屋顶改建为水泥板，并在四周围上栏杆，此为西侧观景台。

一次强对流天气致灾记录

⑦改迁会议室

1981 年，原住在西侧二楼由原测报室改成 3 间宿舍的周振樟等同志搬到新楼（招待所），3 间宿舍再改作会议室，也成为大家看电视的地方（原在一楼）。1997 年 1 月

15日（农历十二月初七），最低气温 4.4 ℃，福建省气象局吴章云副局长冒严寒上山，大家齐聚该二楼小会议室促膝交流，一样的凳子，无官位轻重之分，暖茶一杯，下图左还有两人无拘无束在吸烟，其乐融融，特选用。同行的还有业务处长严光华、副处长糜建林，人事处副处长严光明以及郑树忠、郭能考同志，下图右为观景台，地上冰霜依稀可见，山上的冰冻严寒和不易令人刻骨而铭心。

福建省气象局领导上山慰问情景

⑧安置全省首套国外自动站工作机房

1994 年世界气象组织黄河项目送给我国 13 套意大利生产自动气象站（图见 147 页），一套多达 40 多万元人民币。考虑到山上工作任务繁重，为减轻山上工作压力，经福建省气象局推荐报批中国气象局同意，九仙山争取到一套自动观测设备，数据系依卫星进行传输，也是福建省的第一套自动观测设备。8 月 9 日安装成功，工作机房设置于 2 楼会议室内的东南侧角落，后因被雷击坏而弃用。

安装全省首套自动站记录

⑨支持广电建电视差转台用房

1987 年 10 月 14 日，支持县广电局建设电视差转台，包括在屋顶架设电视信号接发射天线和提供电视差转机工作用房（部队西侧房间）；1988 年 1 月 30 日，又安装另一台功率为 50 W 电视差转机和接收及发射天线，工作用房在资料室。1996 年，又特允许县广电局在测站东南角建一幢工作用房（见 88 页台站美化一隅左上图）。

此段时间内，福建省省长贾庆林上山慰问，给大家留下了难忘的回忆。

1991 年 11 月 13 日福建省省长贾庆林到山上慰问，时间是 15 时 30—16 时 20 分。

电视（差转）天线 3、4、5、6和7是甚高频电话天线（含泉州地区中转）

电视（差转）天线 1

8 避雷

单位电视天线

10 避雷

布设的天线和姚新锋同志在广电楼外走廊的留影

山上的老同志陈孝腔回忆了当时省长上山时的情景：我们都集中在新大楼（招待所）最里头南端那间，突然一群人冲了进来，到房间喊我们，说省长来了。大家赶紧出来迎接，看到山腰各个拐弯口都有警察把守。贾省长当时跟我们聊得很开心，还看我们通过甚高频电话和省气象台通信科（847）通话，在二楼会议室一起喝茶。后来随行人员一直催促，担心太迟到大田县吃饭会成问题，这才走的。

因是临时上山，谁都不知道，没有通知任何领导，家住山下附近的站党支部副书记涂金盾闻讯往山上赶，却被山下的公安拦截不让上山，这样一来，山上真是"群龙无首"了，也就没有端坐会议桌专门的领导汇报场景，大家的合影自然无站领导了。

与外面紧张的气氛相比，室内的交流则融洽温馨。

省长关切地询问各种问题，包括婚姻、看电视报纸和吃水等，大家你一言我一语地回答，相互之间的交流显得随和无拘束，泉州晚报以"别开生面"形容［详见十一（一）媒体报道］，其中，较成熟点的青年代表王明汉同志回答较多。

山上住房的陈旧、寒湿让领导不能忘怀，连忙嘱咐随行领导要多加关心。5年过后的1996年2月19日正月初一这天，在福州（福建省气象局）慰问全省气象干部职工时，贾省长提及1991年上九仙山时看到几个人趁有阳光忙着晒被子的情景（右图为当时晒被情景），从闲聊中一句"棉被从山下背上山会越来越重"的描述，由此记住了山上潮湿的严重。

职工晒被子情景

（9）1997—1999 年，石头危房改造、内部装修和东西向旧宿舍加层；测报室迁回二楼；柴火间改造为浴室；车库出租、北侧建电房

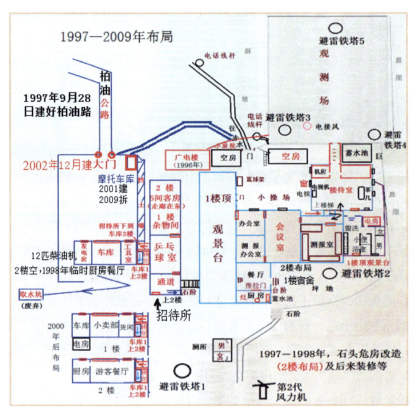

站貌图

盥洗处

① 省长关心改危房

福建省政府领导上山记录

石头危房隐患多。1997年 7 月 23 日 16 时，福建省副省长童万亨等领导上山视察和慰问，当时的天气不好，有浓雾，上山前的下午 01 时半到 02 时，还下了阵雨，土路泥泞（1997 年底才铺好柏

油路）。领导亲自踏上高凳察看屋顶木梁，横梁外层一摸即脱。腐烂不堪的木横梁，实心只有拳头大，只好在房中竖上几根顶梁柱，以挡随时可能出现的坍塌之危，领导当场指示解决危房改造问题。

当年，福建省政府和福建省气象局各出资 15 万元进行危房改造；1998 年 7 月 19 日省委陈明义书记冒盛夏酷热驱车 250 km 由省城专程上山，又及时解决了危房改造缺口 20 万元经费问题，前后总合计超 50 万元。

除了保留原有的石条墙体外，主要进行如下改造：原东西向旧宿舍顶上加盖一层，作为新值班室和会议室、领导办公室，原位于风楼下的值班室搬离改为泡茶和电视室；增加了砖砌的内墙体和塑料扣板墙壁装修；室内采用木地板。

危房改造一隅

东西向和南北向的旧宿舍屋顶由木头瓦片改为钢筋混凝土，从此类似于 1987 年和 1994 年大风揭瓦的残状不复，屋顶四周外围则披上鲜红的瓦片造型，体现闽南建筑风味，房顶戴上了"红帽子"，增添了不少喜气。而南北向旧宿舍屋顶则辟为东侧的第二观景地，下图为改造前后的对比照。

危房改造前后对比

1998 年底，危房改造总体结构顺利完成，大家欢聚一堂，一大锅米粉是最美的佳肴。聚餐点设在车库二楼，此处相当潮湿，房间长期闲置，只是因为当时危房改造，才临时改为厨房和餐厅。该餐厅在 2000 年后承包给外人做旅游餐馆。

庆祝危房改造完工聚餐情景

2001 年 12 月，南端部队军房外小庭院铺砖绿化，北端厨房外铺水泥，新旧楼之间坡地硬化与绿化，停车场西南角建摩托车库，停车场至上面小庭院铺设台阶路和护栏。

台站美化一隅

2002 年 12 月，停车场硬化，建围墙和大门。

停车场等建设情况

下图为 2004 年的厨房和餐厅，餐桌和椅子至今还在使用，足见其结实。

装修后的厨房和餐厅

2006 年又投入 25 万元进行环境综合治理：改造停车场至厨房小路、会客室装修、宿舍会议室修缮，更换门窗等。

会客室装修前后对比

停车场至厨房小路改造前后的对比（栏杆细管换粗桩；路加宽）

②自当厨师度时艰

2002—2008 年，由于退休等原因，无厨师再为大家做饭，山上又无创收来源，无力雇临时工，经集体投票决定自己做饭。好在路通，大部分人又买了摩托车（摩托车库应运而生），好歹可顺便买食粮（公车不用于专程采买）。一堆做饭蹩脚的大男人，烧糊菜是常有的事。老同志苏文元形容大家如背锅打仗的士兵。

老同志苏文元吃饭情景

③景观旅游见雏形

山上气象景观旅游资源丰富，领导总是具有发展眼光。1998 年危房改造完成之后，县领导建议气象站挤出一些房间，租给外人经营食宿，先开个头，煮些米粉、汤面，解决游客吃饭问题。

出租做餐馆和住宿的部分房屋和山顶风光

于是，在 2000—2015 年期间，出租部分房屋给外人做餐馆和住宿：原发电机房改为车库，在其后部另建发电房，而原中间的车库则作为小卖部和餐馆住宿服务部，旁边房间则为老板休息和囤货物之用；车库楼上即二楼则自行装修为餐厅，东侧为厨房；1979 年建的新楼房二楼有房 5~6 间则作为招待所之用，走廊设置在东侧（上图右为 2013 年正在兴建的回廊和北端凉亭），方便游客一大早观赏窗外的日出美景，若是雨雾天，也可继续"赖床"。

山上总算有了一丝生气，也算是高山气象景观旅游的雏形。

在多方努力下，2001 年 5 月 1 日，九仙山风景区正式开通旅游专线班车，这是九仙山旅游发展所跨出的关键首步，气象站也因此逐渐走进更多公众的视野。

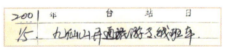

旅游专车开通记录

（10）2009 年底，廉政职业道德教育基地建设竣工

气象资料、通信中转以及丰厚的气象景观旅游资源等方面的独特优势作用，使得九仙山这一阵地弥足珍贵。长年累月坚守高山的气象人经受住了恶劣环境的考验，一代

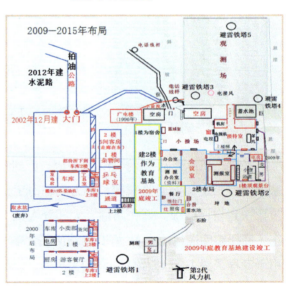

站貌图

一代的气象人逐步累积铸就的"高山奉献精神"成为时代的宝贵财富。2009 年，在原南北向宿舍楼上加建一层 200 m² 的教育基地展厅，展示气象人扎根高山的点点滴滴，此为九仙山气象站赋予教育新功能。建设前后的对比图（红框显示加层即为展厅）。

教育基地展厅建设前后对比

当年展厅的部分物品。

展厅一隅

（11）2019 年，大楼彻底改造顺利竣工

此前房子虽经多次升级改造，但冰雪依然爬满窗口，潮湿寒冷依旧。这让上山的领导们疼痛于心。唯有彻底改造，才能保障人员的身心健康和保证业务工作的正常开展。从 2015 年起，开始大楼改造规划与实施，2019 年，一座共 3300 m²、总投资约 2300 万元的 5 层大楼矗立山顶。

①几经改造寒湿依

多次升级改造房子并未能解决密封性问题，室外无孔不入潮湿寒气的侵袭，乃至室内外浑然一体无差别。

（a）湿气所至百霉生

房内墙壁、地板到处霉迹斑斑，绿色青苔除了又长，最后只能妥协而和平相处，而床铺下的阴暗角落则只能任由蘑菇疯长。下图为窗户上的青苔。昔日楼内走廊的墙壁也满是这种墨绿涂鸦"壁画"，此与现如今深山里处处可见的青苔一模一样（下图）。

潮湿冰冷的屋内

室外青苔

床上的棉被霉味扑鼻，每一张床单的中间部分，呈清晰的"人形"图案——除了睡觉部位之外，其余地方则霉斑点点。

山上的潮湿天气让衣服不易晾干。在潮湿阴雨天里，不敢换洗衣服，通常会坚持一个月才换一次，实在不行则只能将洗后的衣服放在火炉边烤。

潮湿天气最易繁殖虱子，头发、厚衣服和身上都是虱子的"乐园"，晴天时大家穿上厚衣服到外面石头上才可抓掉与赶走虱子，因此晴天是最美的日子。闽南俚语"捉虱子到头上挠"说的是自找麻烦之意。

（b）火炉——过冬"大宝贝"

冬天时，室内与室外几无温差，非值班人员的最幸福乐园就是被窝。上盖两三件被子，床下一个小火炉（火膛），才勉强够暖，实在冷得不行，则只能靠喝点白酒缓解寒意，否则往往彻夜难眠。白酒有释放热量和麻醉之功效，因而刚来山上原本滴酒不沾的年轻壮实小伙子也不得不屈服于小酒了。老同志会特别叮嘱新同志用火炉时一定要打开门，以防 CO（一氧化碳）中毒，而窗户自然是不能打开的，否则房内热气跑掉白忙活。

值班人员更离不开火炉（小火膛）这一"宝贝"来暖手，一旦手被冻僵了，则什么东西都拿不住，自然无法观测和拿笔记录。据体验，在一次 5 ℃的野外测距中，握测量仪的手需靠在别人肩膀上才不会激烈抖动，何况零摄氏度以下气温。经验表明，当气温低至 10 ℃时，手通红有冻感。当然，非值班人员也会集中到值班室来"蹭暖"，毕竟炭量也不是很多。

御寒火炉和户外冷天体验

因此取暖是大事，砍柴烧炭成为大家一项必不可少的工作。难怪刚来上班的新同事所分得的办公用品是一盏煤油灯、一个手电筒、一个小烤火炉、一套砍柴刀和捆柴绳子，每人每月的砍柴任务是 200 斤。

战斗在海拔一千六百多米高山上的九仙山气象站工作人员，发扬艰苦奋斗的革命精神，自己动手上山砍柴。

新华社记者摄

4（403453）

来源：1973年1月16日新华通讯社新闻图片

砍柴情景

测站西侧山坡为西南风迎风坡，降水量自然比东侧的多，因此这里的树木比较茂密高大粗壮，符合烧炭所需的粗大木材要求。烧炭需要有一块堆放木柴和煅烧木炭的大平地，再向下挖坑以添加柴火。因此，在测站西侧落差约 200 m 处的一个由三个山包交汇处的山谷是早先最理想的烧炭地。但从 1985 年起，包括九仙山在内的整个戴云山脉成立保护区，就此不能再砍树烧木炭供暖和打猎了。不想，此后的日子里，在山谷雨水的长期不断冲刷下，荒废的这里逐渐形成的大水坑，竟然在日后的取水中派上大用场。

2012 年临近春节的 1 月 20 日，泉州市委领导前来慰问，彻骨冷意使其痛下解决供暖问题之心。当年 3 月发文落实（下图）。

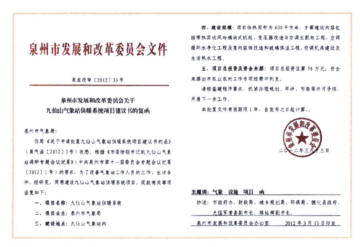

地暖建设文件

2012 年底，供暖如期完成。

完工时的地暖供暖机

②冷暖记心彻改坚

修修补补寒依旧，痛下决心永沐春。石头房虽历经多次修缮，且加了两道玻璃窗，还使用了地暖暖气，但室内还是不能与室外隔绝，漏水进气依然（下图左），待在屋内还是冷得慌。

福建省气象局领导上山调研气象站改造

2014 年春节前夕的 1 月 23 日，福建省气象局局长董熔前来慰问，深深感到办公场所的老旧拥挤与寒意。曾在山上住了一夜的董熔局长深有感触地回忆：晚上躺在床上，可以透过木板墙缝看到满天的星星。

"天上的星星眨呀眨，闪闪的泪光鲁冰花"，亲临此景的人，心如刀扎，焉能自己？！"一年四季厚被盖、衣裳总是湿嗒嗒；石头房子歪歪斜，雨天漏水又漏风"。于是福建省气象局局长董熔彻底改造气象站基地的设想油然而生。

2014 年 3 月 14 日，福建省气象局葛小青副局长亲自上山指导改造方案（下图），2015 年正式动工。

福建省气象局领导上山指导改造方案

历经千辛万苦，2019 年，一座共 3300 m² 、总投资约 2300 万元的 5 层大楼顺利竣工（下图）。大楼由福建省气象局、泉州市气象局和泉州市政府、德化县政府等单位共同出资建设。

楼内地暖升级，一年四季室内温度保持在 20 ℃，暖暖的。

房子拆了、没了，但曾经的记忆很难抹去。人终究会老去，故不遗余力记之。

改造后的站貌

（二）观云识天　不苟一丝

九仙山气象站作为国家基本气象站，工作任务是观测天气、编发报文两大项。按时是完成工作的基本要求。按时系指不提前也不延时，"踩着铃声进教室"。

具体的业务规定如下：①每天7个时次（02时、05时、08时、11时、14时、17时、20时）整点前15分钟开始进行观测，向上级气象部门发送天气报，同时向南京军区和航空部门发送航空报；②其余时次的整点前10分钟开始进行观测、编制航空报文、发送报文给南京军区和航空部门。每时次整点后的5分钟内需完成发报任务；③除了整点之外，无论何时，若出现冰雹、龙卷、降水（按不同时长的量级要求规定）、雷暴、积雪、雨凇等重要天气，则需另行及时观测并将编制的重要天气报文发送给上级气象部门，大风虽是重要天气，但不用单独发报，而是合并到02时、08时、14时、20时的4次天气报中；④雷暴、冰雹、龙卷、雷雨等危险天气，5分钟内要及时向南京军区和航空部门发出危险天气报。

观测项目有：风向、风速、气温、气压、云、能见度、天气现象、降水、日照、小型蒸发、地面温度、雪深、电线积冰等。

航（危）报接收方有：OBSAV 南京、OBSAV 连城、OBSAV 福州、OBSAV 漳州、OBSMH 上海、OBSMH 福州、OBSMH 厦门、OBSJQ 厦门、OBSMH 永泰。1999年1月1日起只发 OBSAV 南京一份报（下图）。

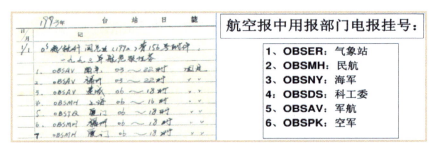

报文接收部门

1. 瑞士名表保时准

按时观测与发报是工作的重要环节，因此，时间的准确性很重要。如何把控时间是个大问题。

20世纪50年代、60年代初期，我国民族工业还相当落后，自研的第一款钟表——"三五"牌时钟，顾名思义，即上一次发条只能连续走上15天。为确保时间的准确性，虽然国家财力有限、经费紧张，但工作为重，站里购买的第一块手表是昂贵的瑞士"火车"牌挂表（下图），每天固定进行一次收音机对时，此显示了工作的严谨性。福建省气象局配备的是高级的日本半导体收音机。

日	信 号 时 间	在校對的一瞬間地方平均太陽時	在校對的一瞬間台站上鐘錶的時間	台站上錶須訂正值	用 何 決 測 時
1	10³¹		10⁴²	+1	聽8时時
2	10²⁹⁵	10²¹	10²¹	0	聽5时時
3	10¹⁵	10⁹	10¹⁷	0	聽时時

| 時 | | 鐘 | 掛錶 | | Swiss | | 名號 | | 火車牌 |

早期观测所用的挂表使用记录

20世纪60年代，福建省气象局又配来一块瑞士手表，表盘显示：牌子为RODANIA（罗当尼亚表），17JEWELS（17钻，表示手表里有17颗钻石，为支撑转动齿轮的轴承材料，钻石做的轴承才能经受住无数次的摩擦而不损耗变形，保证钟表走时的准确），表盘上的英文字"shock protected"（防冲击），"unbreakable main spring"（坚不可摧的主发条），功能强大值得信任。该表由老同志谢林光提供，当时因为表有问题而老是需要维修，只好弃用，几块钱卖给站里人，想不到老同志经维修后一直佩戴而舍不得扔掉，直到5年前实在修不动了才换新表。

另一块瑞士乐都（OCTO）手表则由老同志庄宗平提供，当时也总是需要维修，只好几元钱处理。乐都也是瑞士名表，20世纪70年代由香港歌手林子祥代言之广东话广告歌："迟唔会迟，早唔会早，戴表戴乐都，时间啱啱好！"。意思是：晚不会晚，早不会早，戴表戴乐都，时间刚刚好。

2023年6月30日，本人率队到几百公里外的诏安县拜访老同志谢林光，2023年8月5日的酷暑天到惠安散湖村拜访老同志庄宗平，知建站史馆之意后，两位老同志慷慨献出当年的手表，经查，两款瑞士手表均值2000元。

RODANIA
老同志谢林光提供

OCTO
老同志庄宗平提供

青岛牌

早期工作用表

建站之初的一二十年里，每人的工资 28.5～38 元（转正）不等，报务员稍高几元，但每个人都害怕错过时间，因此都咬牙买下手表。当然，表也是"找对象"的必备物。

老同志周希明回忆称，刚开始无手表，后来花 100 多元买了一个瑞士"罗马"表，1957 年 6 月（用不到一年）离站时把表卖给同事；老同志庄宗平买"青岛"手表，时价 70 多元，"上海"表 120 元，买表需要凭票。

单位也有闹钟，但闹钟不准，不时需要与表校对，算是双保险。

时间是一道无形的命令，只要时间一到，不管是怎样的风雷雨雾或冰冷寒冻，山上人必进观测场，从无偷懒之念。

2. 观测项目同中异

与现在利用感应器自动观测不同的是，在 2006 年 1 月全面采用自动站观测之前，气象观测主要采用人工观测，需到室外观测场上和在室内读数各种观测仪器数值。下图分别为室外和室内观测情形。

室内外观测情景

室外观测项目有：干湿球温度，雨量，蒸发（20 时取回蒸发皿，量剩余水量），日照（20 时更换日照纸，并用显影液将感光的光线显影，再浸入水中清洗掉纸中显影液中的毒素，晾干后读数），电线积冰架上的冰厚、直径和重量，云（云量、云高、云状），能见度，天气现象，地面温度。14 时更换温压湿和雨量自记纸。

室内观测项目有：风向风速，气压（动槽式水银气压计）。

这些观测项目虽与各地基本气象站无异，殊不知，得之可大不易。

3. 观测仪器学问多

观测工作主要是对各种气象观测仪器进行读数，以及对空中云、能见度、天气变化进行主观判断记录，还包括对于故障仪器的维修。恶劣的天气总是让各种仪器故障永不消停。

山高路远，山外专业维修人员最快也得 2 天才能到站，为了观测不被耽误，大家互帮互学，弄懂设备原理自行动手维修。"久病也成医"，很多人练就了设备维修的一身好功夫。

以下是主要观测项目以及所涉及的相关仪器原理介绍，其所蕴含的学问不乏科普意义。

（1）风向风速观测

①压板式风速计

压板式风速计为建站初期观测风速风向仪器。

1667 年英国科学家胡克发明了压板式风速计，他还发明了中学课本上的弹簧胡克定律（在弹性限度内，弹簧的弹力和弹簧的长度成正比）。

压板式风速计原理是：压板被风吹起，风速越大，吹起的角度越大，两者关系为：风速 $V = A \cdot \sqrt{\tan \alpha}$，其中 a 为风板与垂直方向的夹角，圆弧刻板标注风力级数（下图）。

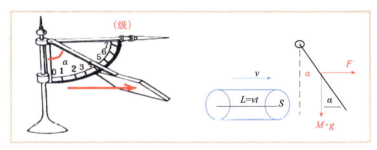

风压板测风原理图

利用高中物理知识推导风速与吹起角度关系的过程如下。

将"风"看成为横截面积不变的圆柱体，对横截面积为 S 的"风"，实际上为风板的面积，设初速度大小为 v、方向为正方向，遇到挡板后末速度变为 0，利用"动量定理"得：

$$(-F) t = 0 - mv \tag{5.4}$$

动量定理：物体在一个过程始末的动量变化量（$m\Delta v$）等于它在这个过程中所受力的冲量，即力 F 与力作用时间 Δt 的乘积，数学表达式为 $F\Delta t = m\Delta v$。

对"风"（空气）而言，其质量 $m = \rho_{空} Svt$ $\qquad(5.5)$

由式（5.4）、式（5.5）得：$F = \rho_{空} Sv^2$ $\qquad(5.6)$

再对风压板（设质量为 M）受力分析可得：$F=Mg\tan\alpha$ （5.7）

联立解得：$\rho_空 Sv^2=Mg\cdot\tan\alpha$

再变形得：$v=A\cdot\sqrt{\tan\alpha}$ （5.8）

表达式中 $A^2=Mg/(\rho_空 S)=\rho_木 Shg/(\rho_空 S)=\rho_木 Shg/(\rho_空 S)=\rho_木 hg/\rho_空$，$A$ 是与风压板质量即密度、厚度 h 以及所处位置的空气密度、重力加速度有关，与板的面积无关。公式推导过程由赵惠芳的先生（物理老师）提供。

安装于观测场的轻重风压板

我国于 20 世纪 50—60 年代开始仿制上述苏式维尔德风压器（轻、重型）测风仪器，依厚度制作，重型的厚度大。

在观测场东西两侧（左图）分别安装轻重（小大）两款风压板，风力小时，观测小风压板风级，风力大时，则观测大风压板风级。人工目视读取风板所处的风力级数刻度，再由风力级数换算为米／秒（m/s）。按规定要求，测风仪架设在离地 10 m 的木杆上。

风压板的位置与风速对照表（中央气象局，1955）

风压板的位置	风速／（m/s）		风压板的位置	风速／（m/s）	
	轻板	重板		轻板	重板
近于 0 号指针	0	0	近于 4 号指针	8	16
在 0～1 号指针间	1	2	在 4～5 号指针间	9	18
近于 1 号指针	2	4	近于 5 号指针	10	20
在 1～2 号指针间	3	6	在 5～6 号指针间	12	24
近于 2 号指针	4	8	近于 6 号指针	14	28
在 2～3 号指针间	5	10	在 6～7 号指针间	17	34
近于 3 号指针	6	12	近于 7 号指针	20	40
在 3～4 号指针间	7	14	—		

风压板被雨凇、雾凇冻结或大风吹坏时，则采用捷克手提风速表观测，风向改用

布条观测。

全国于 1966 年陆续使用 EL 型电接风向风速仪（吴增祥，2006），但九仙山更换较迟，具体时间分析如下。

（a）根据台站纪要记录

1968 年 7 月 25 日，大风吹坏风压板，说明此时风的观测仍用风压板（下图）。

风压板被风吹坏记录

（b）"气簿 –1" 的风速记录变化

从 1971 年 6 月 1 日起，观测风速的"指针号数"一栏开始空白无记录，初步判断风速的观测仪器已改为电接风（下图）。

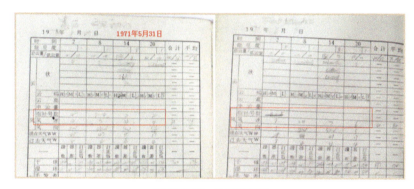

风压板最后一次观测记录

（c）"气簿 –1" 风速栏设置变化

1973 年 5 月 1 日起，每天 4 次风的观测，已没有出现"指针号数"（风板上的风速大小编号）一栏，进一步说明此时已启用 EL 型电接风向风速仪（下图）。

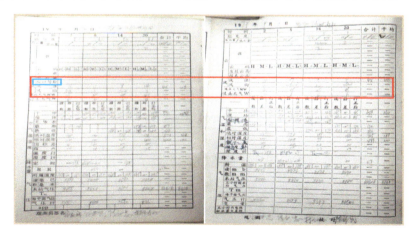

取消风压板观测栏的记录本变化

采用电接风挑选风的最大值记录

（d）风的最大值的挑选方式变化。

1971年7月起，风的最大值的挑选方式，由之前的在4个定时风压板观测中选取，改为从电接风向风速仪自记纸中挑选（左图），由此可判断山上采用电接风向风速仪观测非自1966年起，由（b）判断为自1971年6月1日起。

（e）"气簿-1"封面变化

1973年4月和5月的观测记录本封面也同时变样（下图），预示着观测上的变化。

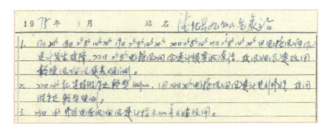

观测记录本的封面变化

（f）风压板作为辅助仪器而没被拆除

1975年1月17日，电接风向风速仪发生故障，22日又被雾凇冻结，故重新"安装好轻型风压板"进行补救观测（下图），可见此时的风压板木杆尚未拆除，山上的恶劣天气就是这样让人对于先进的设备无法放心。

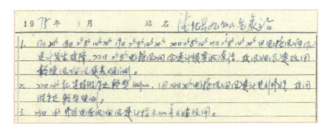

风压板作为备用观测设备的记录

② EL型电接风向风速仪

综上判断1971年6月1日起，测风速由风板改为EL型电接风向风速仪（下图）。

采用三杯式电接风向风速仪取代压板式风速计，精度大为提高，所用电源为220 V交流电或12 V干电池。按规定，测风仪一般安装在离地10 m高的测风杆（塔）上，其所测的风速有两种，一是10分钟平均风速，由自记纸中挑选，二是瞬间和2分钟风向风速，由显示器读数。显示器分"10"和"20"两档，开关上拨为"10"档，下拨为"20"档，风速超 10 m/s 时，下拨换"20"档。

EL 型电接风

雨凇、雾凇冰冻、雷暴和大风是电接风的三大"天敌"。

（a）冰冻。冰冻天气里，旋转的风杯会被冻住而影响观测，一旦仪器出现故障，则需爬上 10 m 高杆（塔）除冰。大家是"老手"，虽天寒地冻的，但从无失手掉落现象。

（b）雷击。"枪打出头鸟"，雷击顶上杆。1976 年 8 月 31 日，电接风向风速仪被雷暴击坏首次记录。

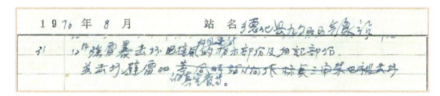

电接风向风速仪被雷击坏的记录

（c）大风。太大的风速也会吹坏测风仪器，如吹掉测风向的尾叶。

大风吹坏电接风向风速仪的记录

在风压板和电接风向风速仪被大风或冰冻而都出现故障时，通常采用轻便磁感应风速表进行应急观测，早期则采用福斯或捷克手提风速表观测，风向则用布条观测。

测风仪器损坏时的应急处理

（2）气压观测

早期观测气压的仪器主要有寇乌定槽式水银气压表，福丁（Fortin）动槽式水银气压表和空盒气压表三种。山上采用的是动槽式水银计进行观测，其测量大气压力原理如下。

一支长约90 cm的玻璃管，管内装满汞（即水银），然后将开口端倒插入下部汞槽中，管中的汞由于重力作用而下降，因而在封闭的玻璃管上端出现了一段真空，即气压 $P_{空}$=0。

由于汞槽与大气相通，当达到平衡时，大气压力 P_0 支撑管中水银，对高为"h"液柱（设横截面积为 S）的受力分析：

$P_0S = mg + P_{空}S$，液柱的质量 $m = \rho Sh$，$P_{空}$=0，则 $P_0 = \rho gh$。

由此可用汞柱高度 h 读取外界大气压力，其中，水银的密度 ρ=13.59 g/cm^3，求得一个标准大气压的水银柱高度为76 cm（可计算一个标准大气压的水柱高度）。

观测的具体操作：上下调节旋钮使下端的象牙针与槽内水银面刚好接触，并读数，另读取附温表加以订正。

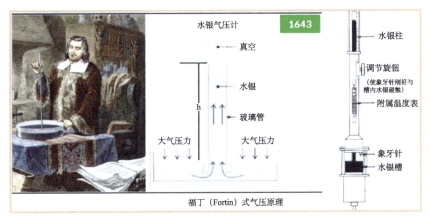

动槽式水银气压表原理和操作

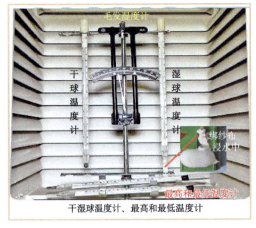

百叶箱内的各种温度计

（3）干湿球、最高和最低温度观测

将干球、湿球温度计、最高和最低温度计放置于离地1.5 m的百叶箱内，避免气温观测受到地面和太阳辐射的影响而不能真实反映大气温度。其中，干球温度计即为空气温度；将温度计下端的感应球部（温包）扎上纱布，纱布的下端浸于装有蒸馏水的容器中，就成为湿球温度计，读数即为湿球温度。空气越干燥，则湿润的纱

布上的水分蒸发得越快，水蒸发的时候会从外界周围物体（温包）中吸收的热能量越多，从而导致温包即湿球温度越低，干湿球温度计的温差就越大。由干湿球温度可查算出湿度。

冰冻低温天气里，湿球温度计下端容器中的水若结冰，则只能由毛发湿度计测湿度。

测量温度所使用的温度计，主要是根据液体"热胀冷缩"的物理性质原理来设计（下表），一般选用透明且耐温的玻璃为材料，依测量范围和用途选用不同液体。

常见液体的物理性质表

	熔点 /℃	沸点 /℃	热膨胀系数 /℃	比热容 J/（kg·℃）
水	0	100	2.1×10^{-3}	4.2×10^3
酒精	−114	78	1.1×10^{-3}	2.4×10^3
煤油	−30	325	1.0×10^{-3}	2.1×10^3
水银	−38.5	357	1.8×10^{-4}	0.14×10^3
说明	煤油和水银可满足大范围测温要求		升高一度的体积增大量；系数越小，则刻度间隔越小；系数越大，则可测量较小温度变化值	水银温度计达到热平衡的时间短，即可快速测温。

水银温度计的工作原理：水银存于末端玻璃泡内，其容积比上端细管的容积大很多。当外界空气升温时，泡内水银被加热而迅速膨胀，并沿狭窄的玻璃管上升；当外界空气降温时，泡内水银发生冷缩，玻璃管内的水银随之下降。玻璃管外的刻度即显示所测温度。

温度计选用水银原理：气象观测所使用的温度计以及测量人体温度的体温计，玻璃管内液体选用水银，原因在于水银的比热容小，在相同质量、升高 1 ℃所需热量的液体中，水银因所需热量最少而可达到快速测温要求；上述四种液体中，水银的热膨胀系数最小，只是水的 1/16，这样受热膨胀的体积不至于太大，如一根普通的温度计，若用水，则其长度将是水银温度计的 16 倍，那自然不方便；水银的熔点低、沸点高，可测温度范围大。

（4）毛发湿度自记仪

毛发湿度计和毛发湿度自记仪是根据脱脂人发能随空气湿度大小而改变长度的特性而研制的测定空气相对湿度的仪器，湿度越大，毛发变长，越小则变短。

下图中，当湿度增大时，则钩在变长毛发上的连接杆 1 下压连接杆 2，使得连接杆 2 上的笔针上跷，从而在包裹于自计钟外的记录纸上画线，即为湿度变化值。

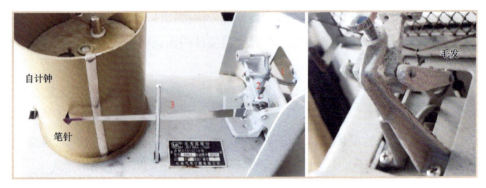

毛发测量湿度原理

（5）日照观测

采用乔唐式日照计测量一天中太阳的光照时间长度，其与照相机感光原理一样。气象观测员预先制备感光纸，在标有刻度的空白纸上，于夜间红灯环境下用毛刷刷上具有感光性能的枸橼酸铁铵药品，晾干后趁夜安装于日照计圆筒内（下图）。

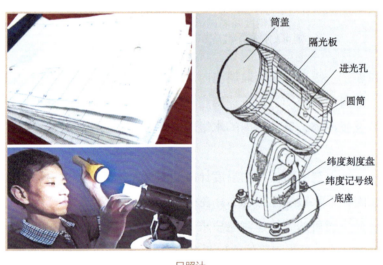

日照计

在白天，太阳东升西落，日照计以南北向安装，以让阳光通过日照计圆筒左右两侧的进光小孔射进筒内的感光纸上；夜间20时取回感光纸，并将赤血盐显影液涂于纸上，即可显示感光线条，再将其浸入水中清洗掉纸上的显影液中的毒素，晾干后读数线条的长度，即为日照时长。

小孔的畅通与否至关重要。山上空气清新无杂尘，小孔的畅通基本无忧，但有时也会有小虫子从孔进出，若被卡住则堵了进光，水冻结也会堵，故巡查仪器是工作的重要环节。

日照观测历程：

1955年10月1日—1973年12月1日，无观测日照；

1974年1月1日—2018年11月24日，安装乔唐式日照计，型号：KFJI型，厂家：中国上海气象仪器厂；

2018 年 11 月 25 日至今，安装光电式数字日照计 DFC3 型。

（6）蒸发观测

从 1955 年建站起到 2015 年 1 月，主要采用小型蒸发器测量（下图左）。每天 20 时将装有 20 mm 清水的蒸发皿放置于观测场支架上，并取回前一天的蒸发皿，用量杯测量剩余水量。蒸发量＝20＋降水量－余量。口上置网是防小鸟偷喝水。

大型蒸发器（大型AG2.0，超声波测距传感器）

小型蒸发皿和大型蒸发器

2015 年 1 月起，改用 AG2.0 大型蒸发器，其系利用超声波的测距原理而实现自动观测。

（7）雨量观测

从 1955 年建站起到 1985 年，主要采用人工和虹吸式雨量计测量，1985 年起改进为 SL1 型翻斗式遥测自动记录雨量计。

①人工测量

人工测量方法系采用口径为 4 cm 量杯测量口径为 20 cm 雨量筒内的雨水（右图），其可随时量取，直接方便。

为何采用口径为 4 cm 量杯即可测量口径为 20 cm 雨量筒内的雨水？其奥妙如下。

首先理解 1 mm 的降水量：1 mm 的降水量是指降落在地面上的雨水深度或高度为 1 mm。该如何测量落地之水？总不能趴在地上拿尺量。于是气象上设计了口

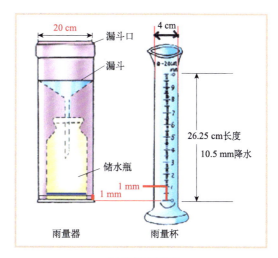

人工测雨量仪器

径为 20 cm 的承接雨水的雨量筒（器），可 1 mm 本身很小，难以目视尺量，即这个数字直接在尺子上是很难精确读取，于是设计了小口径量杯放大读数方法：

水的体积 $V = h\pi D^2/4$，则 h 杯 $= h$ 筒 $(D$ 筒 $/D$ 杯$)^2 = 25\, h$ 筒，式中，D 筒 $= 20$ cm，D 杯 $= 4$ cm，这样一来，量杯便可放大 25 倍读数，由此减少读数误差。当然也可自行设计其他大小口径量杯，但刻度得重新处理标定。

按业务规定，每天 08 时、20 时分别量取前 12 小时的降水量，两者之和为当天的雨量。我国日雨量的统计时间为前一天 20 时至当天 20 时。

②虹吸式雨量计

人工测量虽然便捷，但不能反映一天当中各时段降水的强度变化状况，虹吸式雨量计则可很好地记录下一天中的降水变化情况。其工作原理如下。

下雨时，雨水通过上端承水器进入浮子室后，水面即升高，与浮子相连接的笔杆也被推着往上升，笔尖即在自记纸上画出相应的曲线，其可表示降水量及其强度。当浮子室内的水刚超过虹吸管顶端（红线）时，即发生虹吸现象，虹吸管迅速排水，浮子也迅速下落，并带动所连接的自记笔尖回落到刻度"0"线，而后又重新开始记录。

自记曲线的坡度可以表示降水强度。由于虹吸过程中落入雨量计的降水也随之一起排出，因此要求虹吸排水时间应快，以减少测量误差。家庭卫生间所用的马桶，其冲水原理即为虹吸现象。若仍有降水，则笔尖又重新开始随之上升。

每天的 20 时更换虹吸式雨量计的自记纸，拿回旧纸到室内读数，即为一天的降水量。

为何气象观测的日开始时间不是 00 时？其因是世界气象组织规定气象观测的日开始时间统一为世界时 12 时，则我国的日开始为 20 时。

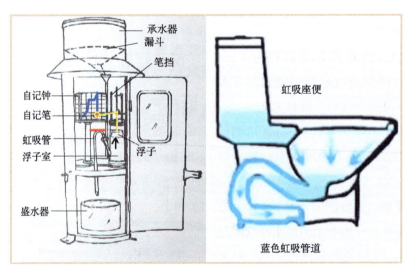

虹吸式雨量计

③ SL1 型遥测自动记录雨量计

1985 年 5 月 1 日起，采用遥测雨量计自动观测，其原理系在上端承水器的下方安装两个小翻斗，下雨时，雨水落入其中一个翻斗，当雨量达 0.1 mm 时，该翻斗在重力作用下向下转动并将水倒掉，翻斗翻转时发出一个记录信号，与此同时，另一翻斗上翘继续承接雨水，当达到 0.1 mm 时，该翻斗也向下转动并将水倒掉，也发出一个记录信号，如此往复循环，犹如翘翘板。

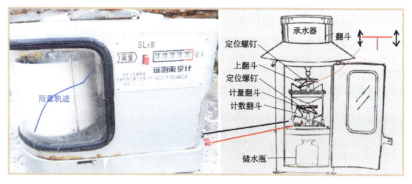

遥测自动记录雨量计

该雨量计可以说也是人工，需要每天人工更换自记纸，但可在室内换纸和读记实时显示的数据记录，观测员不用跑到现场操作，此比虹吸式雨量计和人工观测先进多了。

（8）电线积冰测量

电线积冰到一定程度，则电线折断或电线杆被压垮，因此需测量电线所积冰块的直径、厚度及重量（积冰直径超 15 mm 时才需加测重量）。厚度指上下积冰长度，直径指水平积冰长度。

测冰架上电线积冰观测所用的钢丝导线长度为 100 cm，直径为 4 mm，2011 年下半年开始使用与高压输电线直径相仿的 26.8 mm 电缆。电线上所积冰的直径、厚度由外卡钳和米尺直接测量；冰量的测量则有专业的取冰筒，长度为 25 cm，为 1 m 导线

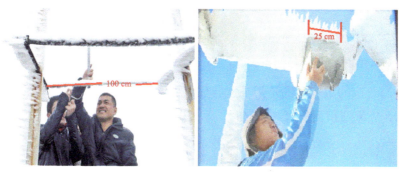

电线积冰测量

的 1/4，放在冰架上任意位置下方，用手锯等工具将冰块切入筒内，再由台称测定积冰重量，再乘以 4 即得。

（9）雷暴观测

山上雷多，除了需要依常规观测雷暴方位和时间之外，另有一项特殊观测：闪电与雷鸣的时间差观测（后期取消）。此用于判断雷的远近：时间短，则雷近；时间长，则雷远。

闪电的传播为光速 3.00×10^8 m/s，而雷鸣的声音传输为声速 340 m/s，若测得闪电之后至雷声的时间 t，由于闪电速度极快，其时间可忽略不计，则雷暴的距离 $s=340t$，若 $t=1$ s，则雷暴的距离为 340 m，此时雷很近。如 1956 年 3 月 19 日凌晨 02 时 05 分发生的一次入室伤人球形雷的记录如下图所示。

雷暴观测记录

将图像中的数据整理如下。

1956 年 3 月 19 日雷暴记录表

时次	01 时											02 时				
分钟	34	36	38	40	52	55	56	57	57	58	59	00	01	05	07	07
方位	SW	SW	SW	SW	SW	SW	SW	SW	Z	Z	NW/Z	NW/Z	NW/Z	Z	NE	NE
时差	–	7 s	6 s	5 s	3 s	2 s	2 s	1 s	1 s	1 s	1 s	1 s	1 s	0	2 s	3 s

从 01 时 36 分起，闪电与雷鸣的时间差由 7 s 逐渐缩短，表明雷暴由西南方向不断向测站逼近，02 时 05 分时，时间差为 0 s，表示直击雷在头顶，即雷暴袭击本站。

（10）集体观测

一个月一次的集体观测是常规业务规定动作。山上的集体观测大多选在坏天气中进行，因为大家意识到，复杂天气时，才是相互学习与提高技术的好机会。

瑟瑟寒风里，每月一次"雷打不动"的集体交流观测情形（下图）。

集体观测情景

4. 人工自动异有因

2006年实行自动化气象观测，大部分人工观测仪器自此"作古"，成为历史的永恒记忆。

气象观测手段由人工转变为自动化观测之后，气象要素数据似乎发生了一些微妙的变化。在统计九仙山1955年建站以来的主要气象要素情况的过程中，发现大风和雾日呈现减少趋势，大风由203 d减为155 d，雾日由305 d减为268 d。

经过探讨分析，原因大致为：

（1）前期大风多，乃因目测指针一达到某最大值时即记之，但指针的偏离有惯性作用，故所记录往往偏大而不能反映真实情况；在自动观测中，风速的采样速率为每秒钟1次，瞬时风速取3 s即三次采样的滑动平均值；

（2）山上云雾飘浮不定，人体观测位置非固定，而能见度仪则位置固定，则人体在某个位置有云雾，便记之，而该片云雾可能没飘到能见度仪的狭小观测区，由此漏测。

5. 编报发报不简单

气象观测之后，将观测数据按编码规定编制为报文，再向各相关单位发送。

（1）报文编报

天气报文的编报历经人工编报和自动编报过程。

①天气报文编码格式

IIiii（观测站站号，九仙山站号为58931）$i_R I_x hvv$（云高和能见度）Nddff（云总量和风速风向）$1S_nTTT$（气温）$2S_nT_dT_dT_d$（露点温度）$3P_0P_0P_0P_0$（本站气压）$4PPPP$（海平面气压）$5appp$（3小时变压）$6RRRR1$（过去6小时降水量）$7wwW_1W_2$（过去和现在天气现象）$8N_hC_lC_mC_h$（低云量和云状）333//（指示码）$0P_{24}P_{24}T_{24}T_{24}$（24小时变温变压）$1S_nT_xT_xT_x$（24小时最高气温）$2S_nT_nT_nT_n$（24小时最低气温）$3S_nT_gT_gT_g$（地面最低气温）$7R_{24}R_{244}R_{244}R_{24}$（24小时总雨量）$9S_pS_pS_pS_p$（大风冰雹等特殊天气）=。

航空报文举例：OBSAV（部队航空报报头）58931（九仙山站号）50403（5个云量／风向04东北／风速3 m/s）62918（能见度62是12000 m／天气现象91雷暴有小雨／8代表雷暴）81823（8固定值，识别码／1是微量云／8碎积云／23云高700 m）83633（8固定值，识别码／3个云量／6层云／33云高1000 m）81936（8固定值，识别码／1个云量／9积雨云／36云高1100 m）9921X（992固定值／1代表雷暴方位为东北／X无第二方位）01008（0固定值／气温10 ℃／露点温度08 ℃）。

②人工编报

将人工记录数据，编成上述报文，世界各地可以从报文了解到九仙山的天气状况。人工编写报文，需非常熟悉编码规则，才能如实反映数据状况，且需相当仔细才不会发生笔误。

③自动编报和年月报表自动制作

1986年4月1日，经前期培训后，1987年PC-1500袖珍计算机自动编报系统正式使用（下图左），工作效率和质量得以提升，比如人工编报时，需人工用表查算海平面气压、露点温度和相对湿度等，而PC-1500编报系统则可根据干湿球观测值自动计算。手工输入观测数据，自动生成报文后，由甚高频或手摇电话人工发报。

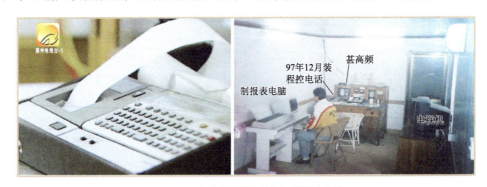

PC-1500自动编报机和编制年月报表电脑

1999年房子装修后，配了站里第一台电脑（上图右）。电脑主要用来编制年月报表，但需要手工输入记录的数据，虽然录入的工作量大，但可自行统计月年极值、平均等数据，自动完成初步审核，生成的报表可通过针式打印机打印，因此比之前人工制作（手抄和统计）改变了不少，且不易出错。

因为雷击严重，尝试安装自动站以改变人工观测的努力一直受挫，直到 2005 年防雷工程整改后，2006 年自动观测才得以"安营扎寨"，由此才实现观测数据采集、编报与发报全自动一条龙。

（2）报文传输

按工作要求，需将天气报文发送给南京军区、航空等部门及上级气象部门。发送方式历经电台发报机、手摇电话机、甚高频无线对讲电话、程控电话、VPN 宽带和 SDH 光纤自动传输。自 1955 年建站以来的报文传输方式汇总如下表。

九仙山传报技术设备情况表

采用设备	波段	频率 MHz	波长	天线	传播方式	优缺点	使用年代
发报机	短波	3～30,高频,HF	10～100 m	32 m 长的 π 型天线，占地大	天波传播——电离层反射与折射	优点：电离层反射传播，受地形影响小。缺点：电离层不稳定而噪音大；手抄	1955—1963年12月，至70年代应急备用
手摇电话机（专线）	—				直拨并通过邮电局中转到省台等	口传手抄	1963年12月—1986年4月；至1997年12月备用
甚高频对讲机	超短波（米波通信））	30～300,VHF。所用频率141～147 MHz	1～10 m。141～147 MHz对应波长约为2 m	八木天线（定向天线）	直射波传播又称为空间波（在空气中传播），属直线传播	信号相对稳定；因波长短而易受地形影响，需中继站中转；通信距离短	1986年4月—1997年12月16日
程控电话	—				直拨到省台	口传手抄	1997年12月16日—2006年1月
VPN 网络（电信宽带）	—					数字化自动传报；串口通信，易受雷击	2006年1月—2008年1月
SDH 网（光纤）	—					数字化自动传报；传输速度更快更稳定	2008年1月—

2008 年 1 月，山上气象观测和编发报实现自动化；2015 年 1 月起，取消所有航危报的编发任务，自此，不再需要 24 h 人工观测，工作任务主要转化为设备维护和保障

①无线电波传播原理

在上述诸多报文传输方式中，短波电台发报机与甚高频对讲电话均为利用无线电

波的传播方式，二者传播原理区别如下。

短波发报机：系向前上方发射电磁波并经上空电离层反射到远方接收站，属天波传播方式，其易受电离层的不稳定变化所影响（日夜的电离层高度不同）；

甚高频对讲电话：系水平方向直线传播到远方接收站，属于空间波传播方式（在空气中传播），其易受地形的影响，常需架高天线，并由中继站中转信号。

无线电波一般是指频率300 MHz以下即波长在1 m以上的电磁波，是电磁波中的一部分。电磁波与无线电波关系图为：

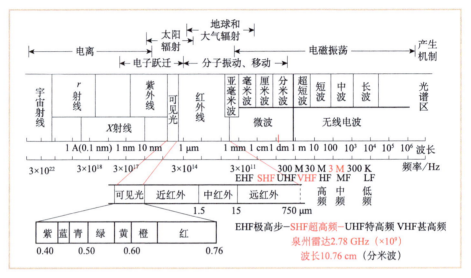

太阳光电磁波图谱网

②九仙山传报历程详解

（a）第一阶段——电台发报机

在还没有手摇电话机之前的建站之初，使用电台发送气象报文，架设的32 m长的π型天线的垂直方向指向福州。

早期发报电台天线

此时山上尚未通电，得靠摇机员手摇发电机以给 55B 型发报机供电。摇机有学问，得不紧不慢匀速摇动，以输出稳定的电压，功率为 15 W，当然此项工作相对简单，站内每个人都可以胜任。下图左为手摇发电机和发报机，图右为林良成和林玉仙两位同志在检查通信信号及机器性能的情形（福建日报记者郑珍发和画报记者黄戴其上山采访住了多天，时间 1972 年 8 月 14 日福建日报出版）。

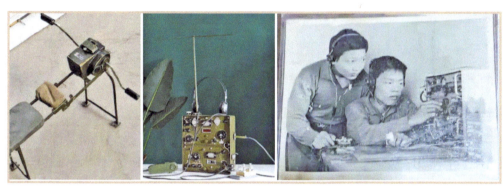

手摇发报和发报情景

发报则是一门新功课。针对人员有限情况，观测员发奋学习发报技术。气象报文由若干组数字电码构成，每组 5 位数，分别代表不同气象要素，如 10212 代表温度为 21.2 ℃。发报采用的是国际通用的摩尔斯电码，电码符号由两种基本信号和不同的间隔时间组合而成："撞针"短促下按到"针板"称为点信号"."，读"的"（Di）；保持一定时间的长信号"–"，读"答"（Da）。下面列出的是数字基本码表。

摩尔斯电码基本码表

字符	电码符号	字符	电码符号	字符	电码符号	字符	电码符号
0	− − − − −	1	• − − − −	2	• • − − −	3	• • • − −
4	• • • • −	5	• • • • •	6	− • • • •	7	− − • • •
8	− − − • •	9	− − − − •				

报务员发报完后，会向对方说再见，bye 之 b 摩尔斯电码"− • • •"，y "− • − −"。

（b）第二阶段——手摇电话机

（I）山上的两部电话

1956 年 4 月，赤水邮电所改为赤水邮电支局，安装交换机，开通长途业务；1958 年德化县实现村村通电话，九仙山气象站可能于此时安装电话，但此电话属于日常普通交流电话，即话务机，并非发报专线电话，而发报专线电话只限于与邮电局报房通

九仙山气象站开通电话相关记录

电话，并不能与外界通接。

外界联系九仙山的方式：先拨到赤水邮电局总机号码05056-22976 和 22977，由总机转接到九仙山，山上没有独立的号码；山上与外界的联系则手摇电话机到赤水邮电所总机，再转到对方电话号码。

1960 年 4 月 1 日，雨凇、雾凇冻断 32 m 长的短波发报电台通信天线两根，电话线一条，说明此时已有电话，但该电话并非发报文专线，只是话务机，发报仍采用电台；4 月 27 日，雷暴打坏真空管避雷器 2 个（当时分别在室外大门口和在室内的电话线各安装一个用于避雷的真空管）和电台通信天线一根，说明当时仍然采用电台发报；1960 年 12 月 30 日，又冻断电话线两根（电话线为一对两根）。

经 1962 年 12 月上山的老同志邓纪坂回忆：当时山上确有一部电话，接到赤水邮电所，但非邮电发报专线。1960 年前，分观测和报务两种岗，观测员平时跟学报务；20 世纪 60 年代初，原来的报务员陆续都调回福建省气象局，于是福建省气象局于 1962 年 9—10 月派人到站里培训报务，开岩、荣卿、天送、林光，还有水斌、鸣凤、站长庆忠他们都学会，而于 12 月上山的我、家单、锦民、秀羡几个，因迟点到站就不懂报务了，由此也说明发报使用的是电台。1963 年 12 月，架设了九仙山气象专线到德化县邮电局报房。

故九仙山站由发报机改为手摇电话机发报的时间是在 1963 年 12 月。1963 年下半年之后全国气象部门逐渐由发报机改为手摇电话机发报，九仙山采用手摇电话机发送报文的时间与全国较一致。

（II）恶劣天气对电话的危害

手摇电话可产生 70 V、80 V 的直流电压，触发远处总机的座机响铃，表示要通话发报了。发报完毕后再手摇几下响铃，提示总机表示通话结束。当然，这种手摇电话机需外接串联 4 节大型干电池（称为甲电或甲种电池，每节 1.5 V，约 25 cm 高）供电，才可通话。手摇电话机一直使用到程控电话开通才"作古"。

尽管改用了先进的手摇专线电话发报，但 20 世纪六七十年代仍处于对台备战的紧张时期，为防止电话线路被破坏，还是得备用电台发报，以保持与上级的联系，确保

架空专线电话

气象情报的及时发送，因此要经常检查通信设备是否完好畅通。

后来，随着外界发报电台的弃用，有线电话成为唯一的发报手段，新的考验随之而来。

通到山上的电话线共2对，每对又分进出2条，4条不可相连的铁线（直径为4 mm）架在木头杆上，分别连通到赤水镇邮电所（话务线）和德化县邮电局报房（发报专线）。

山上的大风、雷暴和雨凇、雾凇冰冻总是给电话线、电话杆惹祸。

据介绍，由赤水邮电所到山下铭爱村的线路为直径小的16号正常线路，山下铭爱村到山上的电话线是粗的8号铁线（直径4 mm），粗线才不易被冻断和被大风吹断；而雷电流常通过电话线窜入邮电局报房和山上值班室。

通常出现两种故障情形：断线和交线。断线时，手摇电话机时很轻；交线时，则因电流回流而摇起来很重。交线即电话线被风吹而缠在一起。

电话线故障所造成的漏发报是不列为错情对待的，但山上人并不心安理得地任由故障的存在，大家心里清楚，越坏的天气对航空的威胁越大，气象情报的发送刻不容缓。等不得姗姗来迟的邮电局专业维修工，几个人连忙结伴一起下山搜寻故障点。雾浓天或夜间，光线暗，5节电池的长手电筒才有足够的光线，找到故障点后，套上脚扣爬上杆，把背包内的电话机接头夹到线路进行发报，再修整线路（下图）。

爬杆发报情景

越往山上，风越大，而也越低的气温所带来的冰冻，是断线的两大"罪魁祸首"，因此，故障通常出现在离山顶 3 km 范围内，此高度的电话杆也相对矮小，约 2.5 m 左右，有时急着发报，则一人踩上另一人肩膀搭人梯先行发报，再处理线路。离山顶 3 km 范围之外的电话杆相对高大，主要是早期防窃听和破坏。对此高大杆，只能踩搭扣上爬。

为防没找到故障点，与此同时，会派后勤人员（林政朝、赖初潘、颜进德）走路下山到赤水邮电所送报（重要报文）。

山上人，就是这样能干个个猛。

雷暴的雷电流则常常通过电话线"登堂"入室伤人。雷电流可以在 11 km 电话线的任何一处潜入，人戴上耳机或靠近听筒接电话，则耳膜会被击破。为保护电话机和发报人员的安全，在 2 对 4 条电话线上分别在室内外安装真空管。一有雷电流，则电话线上增大的感应电流即引起真空管爆炸而断流，此外，还设闸刀开关，一旦雷击即断开与电话机的连接线路，以此层层设防。但经常因突然而至的雷电而出现这样的情景：外面打雷轰隆隆，室内管爆噼里啪。

（c）第三阶段——甚高频电话

由于电话线常受雷暴、大风、冰冻而出故障，虽常能及时下山沿路检查维修和现场发报，但也并不总是能及时发现，迟报还是隐患多，为此，甚高频被迅速用以解决山上发报问题。

1986 年 4 月起，建好并改用甚高频无线对讲电话，其系通过长乐中转到福建省气象台高频组报房，而手摇电话只有在夏季雷击等原因导致本站和长乐雷达站差频中转可能出现故障时，才作为备用应急通信，至此大大减少了三更半夜摸黑充当线路维修工的辛苦次数了。下图左为与福建省气象台通话的甚高频电话，挂日历旁的那台是跟市局及各县市通话的甚高频电话。

发报情景

自动传报技术的研制。

年轻人的引进不断注入了科技春风。口播发报难免口误或听误。1989 年，新来的中专生陈孝腔同志（在山上时间 1989 年 8 月—1994 年 7 月）发现了这一问题，于是琢磨报文自动传输的解决办法。

1986 年 4 月 1 日起，山上配置了 PC-1500 袖珍计算机，主要用于天气报文的自动编报，自此实现了人工编报向自动编报的转变，但还不能实现自动发报，还得利用甚高频人工发报。

但年轻人并不满足，还是发现了袖珍机尚有自动传报等更多的功能待开发。可"瓶颈"也随之而来，计算机的存储空间才 16 K，安装 BASIC 语言编制的全国统一编报软件后所剩存储空间只剩下不到 2 K，而且 PC 机上只有一个 3.5 mm 耳机口可供模拟输出电传信号，因此只能针对编报软件进行优化，以为增加报文自动发送功能软件腾出空间。功夫不负有心人，最终还是实现了编报和发报（到对方的电传机或计算机）的"一条龙"工作流程。可惜的是，当时九仙山没有到电信机房的有线通信线路，否则早就可以实现自动传报了。

该技术于 1992 年 7—10 月在福建省气象台地面观测组向通信科传送地面天气报中试用了近 3 个月，从未发生误码，所采用的 50 和 100 波特不同速率的传报准确率达 100%，性能稳定。1994 年期刊《福建气象》第 1 期登载了该技术论文。

（d）第四阶段——直拨电话发报

1995 年 3 月 16 日，发报用的高频机、意大利自动站观测仪器被雷打坏；8 月 21 日，雷暴打坏自动站主机、彩电和雨量计。因恶劣天气影响发报的情况时有发生，8 月 29 日上山慰问的泉州市何立峰代市长当即给站里 2 万元头"大哥大"手机，此后遇到通信线路故障均使用手机发报，也解决了与外界通信问题。

1997 年 12 月 16 日开通程控电话，直接口传发报到福建省气象台通讯科，甚高频无线对讲电话成为历史不再使用。

2005 年 1 月 1 日，正式启用地面气象测报业务系统软件 2004 版；防雷工程彻底改造后的 12 月 18 日安装好 CAWS600 型自动站。

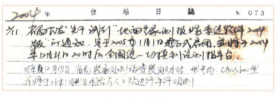

自动观测站安装记录

（e）第五阶段——VPN 网络（电信宽带）自动传报

2006 年 1 月采用自动站观测，即由仪器自动采集，型号为 CAWS600 型，从此，观测员不用再到户外观测，只要点击软件即可自动生成报文，并自动通过 VPN 网络

（电信宽带）传到福建省气象台（右图），供天气分析所用，人工观测终于为自动观测所取代，但其是串口，易受雷击。

2006 年 1 月—2007 年 12 月 31 日，实行人工观测与自动观测进行平行观测，其中 2006 年以人工观测资料为正式记录；2007 年以自动观测资料为正式记录。

CAWS600 型自动站只是解决了气象部门内部资料的观测、编报和报文传输问题，航空气象仍需 24 h 观测，并人工编

观测员自动传报情景

报与电话发报。2006 年 12 月 1 日，终于实现了将人工观测的每个小时数据人工输入到专用业务软件后自动生成为航空报文，至此改变了人工编报方式；2007 年 1 月，航空报报文打印后用传真方式传到福建省电信公司福州分公司报房转报中心 800 免费电话，传真号 800-8581314，避免了口报和记录可能引起的失误，也节省了话费开支。

（f）SDH 网（光纤）自动传输

2008 年 1 月，开始自动站单轨运行，自此，人工观测成为历史，也标志了山上气象观测实现了全面自动化，与此同时，改用 SDH 网（光纤）传输自动站报文，传输更快更稳定。

2015 年 1 月起，取消所有航危报的编发任务，航空气象需求则改为自动气象站观测资料和气象预警信息共享服务，自此，不再需要 24 h 人工观测，工作量大为减少，业务人员的工作任务主要转化为设备维护和保障。

（三）牢记使命 无畏安危

依业务规定，在整点前的 10 分钟开始进行观测，不能早也不能迟，这也是全世界气象观测的时间约定。为了这个约定，在这一时刻，无论风雨多大、雷暴多险，气象人的字典里没有退缩二字。在九仙山的这一方小天地里，尽管有诱发各种疾病的湿寒与低压的慢性侵蚀，又有夺人性命的雷电肆虐，但气象人则早已把身心安危置之度外，坦然以对。

1. 风寒气短，柔骨铁汉

山上大风、低压与湿寒既影响身心健康，也会给日常的观测工作带来极大的挑战。

低温、低气压、高湿度（潮湿）这三种天气状况是引起关节肿胀疼痛即关节炎等疾病的"罪魁祸首"。在山上，风湿病、关节炎、头晕、哮喘、心脏病、胃病、高血糖、高血压等疾病常常会悄悄缠身，而风湿病、关节炎则是山上每一位同志的"标配"共病。

（1）风、压、湿、温四大气象要素引发疾病的机理

①风湿病、关节炎

气温低，则连接关节骨骼的肌肉因受寒而引起肌肉内的血管收缩，由此导致供血受阻而引起肿胀疼痛。另外，寒冷也会增加关节滑液的黏度，关节活动时的阻力也会随之增加，使得局部症状加重。

环境潮湿，则人体通过皮肤与外界的水分和热量的交换受阻，从而造成体内气血运行受阻不通畅的情况，细胞内的液体不能得到正常外排，导致局部压力高于周围正常组织，从而出现关节的不适。

据老同志林良成介绍：当时山上也养了两只羊，放养，自由出入到处跑，最后杀了发现羊体内有很多水泡，可能是水雾气重所致。因生怕病变而不敢再养，我们只能老实地种些菜类。

②头晕、哮喘和心脏病

气压低则意味着大气中的氧气少，人体因吸入的氧气少导致气血不畅而觉得闷和头晕。

氧气量占空气的 20.95%，一个大气压是 101.2 kPa（海平面），760 mm 汞柱，一个毫米汞柱的氧分压相当于 0.13% 含氧量。大气压或空气量随高度的增加而减少，海拔每升高 100 m，则大气压下降 5.9 mm 汞柱，氧分压相应下降

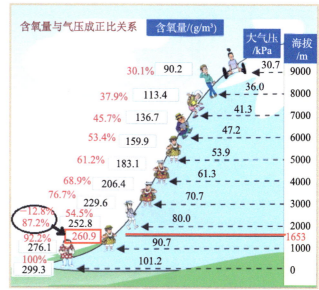

海拔高度与大气压和含氧量关系图

约 1.24 mm 汞柱（20.95%×5.9），则氧含量下降 0.16%（0.13%×1.24）。九仙山高度 1653.5 m，氧分压下降约 20.5 mm 汞柱，氧含量下降 2.67%，氧含量相当于海平面的 87.2%。

在海拔 1653.5 m 的九仙山上，由于氧含量只相当于海平面的 87.2%，为了满足体内对于氧气的需求，则只能通过加快呼吸频率。若成年人 1 分钟的呼吸次数正常情况下是 20 次／分，则呼吸次数至少需 23 次／分，即每分钟增加 3 次，此增加了呼吸系统的额外负担，由此易诱发哮喘等呼吸系统疾病。此外，吸入的冷空气、水雾滴等也可诱发哮喘。

由于呼吸的加快连带着心跳的加快，也因此易诱发心脏病和高血压病。

低气压还会使人产生压抑感。例如，夏季雷雨前的高温、高湿的闷热天气即为低气压，其常会使人抑郁不适。当人压抑时，自律神经（即植物神经）趋于紧张，释放肾上腺素，导致血压上升、心跳加快、呼吸急促等，此外，更多被分解出来的皮质醇会引起胃酸分泌增多、血管梗死、血糖急升等情况。

一般而言，能让人产生高原反应的海拔高度是 2700 m，虽然在此高度之下的九仙山（海拔高度 1653 m）还不至于会有太明显的影响，偶尔上山或短暂居住则不必顾虑太多。不过，对于长期在高山上工作，上述一些慢性病还是会悄然缠身，再强健的体魄也会被摧垮，也因此，此后人性化的 3～5 年轮岗制度或几天一轮班制度有效地保证了职工的身心健康。

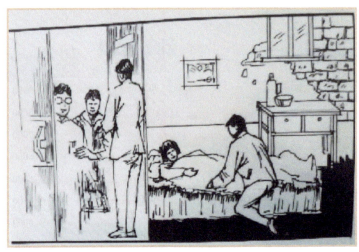

在山上接生情景

值得注意的是，山上低气压所带来的身体内外的大压力差及低气压综合征则对脆弱的孕妇可能会有一定的影响。山上曾经出现两例家属早产的事情，一例是 1968 年何温柔的妻子，幸有洪家单的妻子在场而在山上成功接生。

而 1966 年的另一例谢林光同志的爱人则没那么幸运了。大家用树枝捆绑个简易担架，将早产孕妇抬到山下的乡镇卫生院。在崎岖的山路上，老谢一路上边敲盆边高唱"学习雷锋好榜样"，唱后紧念"下定决心、不怕牺牲、排除万难，争取胜利"的毛主席语录，既表感谢，又给妻子、自己和大家打气与壮胆，也可吓吓随时可能出现的山中野兽。最终大人性命虽保住，可胎儿却流产了。相关报道见下图。

| 2000 年第 3 期 | 福 建 气 象 | 2000, No.3 |
| 2000 年 6 月 | JOURNAL OF FUJIAN METEOROLOGY | Jun. 2000 |

九仙山气象站
先进集体典型事迹

样反反复复十几年。

1962 年，原籍广东的测报员谢林光从广东省湛江气象学校毕业后，分配到站里工作。1966 年，由于工作繁忙，他已很长时间没有回去。妻子思夫心切，带着身孕千里迢迢地从广东来到德化，一路颠簸来到山上。刚住两天，妻子腹痛难忍，脸色苍白，人挥了过去。大家见情况不妙，赶紧用树枝绑

工作人员都要掌握现代化的测报技术和最新的气象业务知识，精益求精，始终保持气象测报的质量和水平居同行业的前列。同时，还多方筹集资金数十万元，建起了新的办公楼，添置了电脑和现代化仪器设备。

面向新世纪，他们身在高山，胸怀祖国。他们正在创造着并将继续创造出辉煌的业绩。

送孕妇下山的报道

③失温危及生命

人体的热量消耗主要来自两个方面：一是消耗能量以维持人体内各器官功能的正常运行，如血液循环、消化系统等体内器官运动；二是人体因适应外部环境的能量消耗。山上环境恶劣，使得为适应外部环境而在此两个方面上均需多能量消耗，其表现在以下几方面。

（a）多呼吸补氧。由海拔高度与氧量关系图显示，海拔 1653.5 m 的九仙山的气压低、氧气少，氧气仅为平原地带的 87.2%，需要通过加快呼吸以吸入更多氧气来维持身体所需。若人的正常呼吸是 20 次/分钟，则在山上需增加 3 次/分钟，仅呼吸一项就得多消耗 13% 的热量。

（b）寒湿易失温。山上环境长期存在的湿寒及大风，低温和大风会带走更多的人体热量，潮湿则加重热量损耗，其乃因水的导热性能是空气的 22 倍，因此，潮湿空气中的水分会带走人体更多能量而致使体温下降。在湿寒及大风的环境下工作与生活，极易引发失温现象。而失温威胁人体的生命。

失温是指人体热量流失大于热量补给，从而造成大脑、心、肺等人体核心区温度由正常的 36～37 ℃降低到 35.0 ℃以下时而产生的一系列寒战、迷茫、心肺功能衰竭等症状，甚至最终造成死亡。以下是失温致死实例。

2021 年 5 月 22 日，甘肃省举办黄河石林山地马拉松百公里越野赛，中午 12 时

越野赛路线图

左右,受突变的低温、冻雨、大风等恶劣天气影响,造成21名参赛人员在1800~2300 m赛段出现失温而遇难。

在此事故中,由于马拉松运动一方面造成人体消耗能量大,另一方面,突遇的大风、低温和雨水则带走人体更多的热量,且参赛者只穿无保暖的短衣短裤,也无能量的及时补充,由此造成失温现象。

体感温度与失温致死分析如下。

通常采用由气温、风速及湿度三类气象要素所组成的体感温度来衡量影响人体的天气环境。体感温度 $A_T = 1.07T + 0.2e - 0.65V - 2.7$。

A_T 为体感温度(℃);T 为气温(℃);e 为水汽压(hPa),其与相对湿度有关;V 为风速(m/s)。

简化的体感温度经验公式是 $A_T = T - 2\sqrt{V}$。

由简化公式计算可得在气温为 10 ℃,当风速为 17.2 m/s 即 8 级大风时,体感温度仅为 1.7 ℃,若是阴雾或雨天,则更低。下图为气温 10 ℃时、各风速下的体感温度。

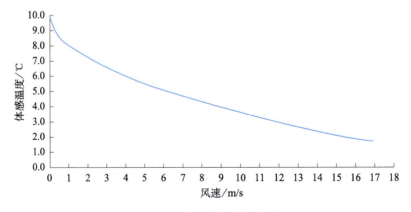

气温 10 ℃时各风速相应体感温度

由 21 名选手遇难时的位置和体感温度等状况可以看出,遇难时的体感温度低于

2 ℃，远低于人体正常体温，仅穿的短衣短裤又无保温作用，人体因而迅速处于重度失温状态，由此酿下悲剧。

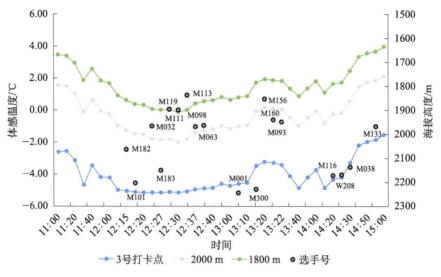

选手遇难时的环境体感温度

④"大饭桶"与夹生饭

为了维持人体的正常能量平衡，人体需通过吃进更多的高能量食物以维持能耗。恶劣环境对于山上的吃饭问题困扰多多。

（a）食物热量值

一些常见食物每 100 g 的热量值（单位：kcal）如下：米饭126，鸡肉166，猪肥肉820。由食物热量表可以看出，肥猪肉的热量最高，达 820 kcal，因此肥猪肉是困难时期最"得宠"的美食。据称，当年一斤肥猪肉的价格是 0.36元，但大部分人还是吃不起，且猪肉奇缺。

（b）伙食状况

站里的早餐都是吃稀饭，配菜

食物热量表（100 g/kcal）

分类	名称	热量	名称	热量	名称	热量
主食类	豆浆	15	白米饭	126	面条	270
	白面包	130	老面馒头	225	肉包1个	250
	稀饭	58	水饺10个	420	油条	386
	小米粥	46	方便面	470	牛肉面	540
水果类	葡萄	43	番茄	18	草莓	30
	苹果	52	香蕉	90	西瓜	25
	菠萝	42	荔枝	70	猕猴桃	53
	橙子	47	龙眼	71	木瓜	27
	桃子	38	芒果	32	哈密瓜	34
蔬菜类	冬瓜	11	土豆	76	芹菜	20
	黄瓜	15	生菜	12	豆腐干	141
	白萝卜	16	南瓜	22	四季豆	30
	苦瓜	18	茄子	23	花生仁	580
	香菇	19	木耳干	205	豆腐皮	395
肉食类	肥猪肉	820	瘦猪肉	331	羊肉	203
	鸡肉	166	鸡蛋1个	70	牛肉	125
	鳝鱼	60	鲫鱼	108	鱿鱼	75
	蟹黄	660	小龙虾	85	鲜贝	77
饮品类	白开水	0	58°白酒	700	薯片	550
	乌龙茶	1	食用油	899	可乐	150
	红茶咖啡	3	饼干	546	酸奶	82
	柠檬水	26	巧克力	586	冰淇淋	200

食物热量表示意图

有炒黄豆，或炒蛋，或炒榨菜。中午和晚上煮干饭或米粉或面，面条是手工切的。

干饭配的菜，夏季有猪肉炒佛手瓜，冬季有狗肉、猪肉炒芥菜。

但山上常无猪肉，煮咸饭居多。咸饭五花八门，有芥菜饭、土豆饭、芋头饭、豆子饭、咸菜饭、笋饭等。

站里有食堂管理员，买的东西要验收记账，每餐要记伙食账，每月公布，收伙食费。

据林玉仙同志回忆，1967 年上山的那天晚上，全站加餐，欢迎我们三位新同志。第二天看到食堂墙上的晚餐伙食费每个人记 0.79 元，全部记个人的账。第一月工资 28.5 元，高山补贴 12 元。

山上收入尚可，食物基本能保障，但得自己到山外 11 km 远的赤水镇挑担购买。早期由于不通路，下山需约两个半小时，上山则三个半小时。

1962 年春，赤水镇设立圩（xū）场，逢 3 日和 8 日为圩日，1981 年改为逢 1 日和 6 日为圩日（《赤水镇志》编纂委员会，2011）。圩日可买的东西多，也热闹，非值班人会下山活动活动，拿报纸和订阅的杂志、来往书信，到银行给家里寄钱，照相、理发和买各种生活用品。

九仙山气象站周围的村镇

平时，离站最近的仅 3 km 的鸡髻垵村（上图）村民，有时在山上砍柴或挖竹笋等的时候，也会顺便挑些自家种的蔬菜来卖，气象站的人也乐意买他们的菜，因为平时也见不到几个人。

一个人一天正常所需的热量＝体重（kg）×22 大卡，大卡也叫千卡（kcal）。一个 60 kg 的人一天所需热量＝60×22＝1320 kcal，相当于要吃 1047 g 即约 2 斤大米（100 g 大米的热量值是 126 kcal），当然也不能仅吃大米，也要由其他东西补充能量。

由于严寒和缺氧加快呼吸导致能量的多耗，则所需热量自然更多。在困难时期人均定量 28 斤 / 月，山上人的粮食定量则是 45 斤 / 月（750 g/d），"大饭桶"由此得名，也体现了政府的关怀。下图为当年的购粮证。

当年购粮证

因此，对于现代人而言，山上是一个天然减肥的好地方，在这里，饿得快，减肥功效高。

（c）夹生饭

大气压与海拔高度呈负相关关系，九仙山的气压仅为海平面的 82%。

低气压对于山上烧水做饭的影响可大了。水沸腾时的温度叫作水的沸点。水的沸点与大气压强呈反比关系：气压增大了，沸点就升高，其原因在于水面上的大气压力，总是要阻止水分子的蒸发，因此，在气压高的情况下，水要化成水蒸气必须有更高的温度才能挣脱水面而出。相反，气压减小，沸点也就降低。所以海拔高的地方，水的沸点会降低。经计算，水的沸点在九仙山上为 94 ℃，此对于泡茶喝开水影响还不是很大，但对于在无电用不上电饭锅的年代里，用的是大铁锅烧柴火煮饭，木头锅盖可不像如今的电饭锅那么严实，因此锅内沸腾的水会一直维持在 94 ℃而达不到食物变熟的温度，所以东西总是煮不熟，既难咽又杀不死食物中可能存在的病菌，久而久之，胃病等问题自然找上家门。因此通常会出现以下两种尴尬的情况：上层饭熟透则锅底必得烧焦，若锅底无烧焦则饭必夹生而难咽。

（2）风雨寒对于工作的影响

山上风大低温雨雾多，所以常见的情形是：

夜晚风雨中的观测员，腋夹手电筒、一手拿本、一手握笔记录，且护好记录本不被淋湿，这可是一大本事（下图右）；

日常观测工作情形

风雨加重低温而可能造成失温现象，因此爬高塔处理被冰冻住的风杯时，则手脚不可控随时有掉落的危险（上图左）；

瑟瑟寒风里，每月一次"雷打不动"的集体交流观测情形。

集体观测情形

风雨中"举首辨天、怀护录本"之情形。

风雨中的观测情形

其他方面的工作影响比比皆是，但在山上人眼里则无足轻重，不再赘言了。

2. 雷霆万钧　我自岿然

实际上，上述风雨寒天气的影响并无夺命之忧，那些慢性病也不至于马上会死人，饿上几顿也没什么，毕竟总可克服，最可怕的却是疯狂的雷暴，随时有夺命之危。可以说，九仙山气象站的历史，是一部与雷暴的抗争史，无畏与睿智淋漓尽致地展现了山上人无比崇高的敬业精神。

山上雷暴多，年均 73.5 d，全国第二多，各月分布如下表。

九仙山雷暴月天数表

单位：d

月份	1月	2月	3月	4月	5月	6月	7月	8月	9月	10月	11月	12月	年合计
天数	0.1	0.9	4.1	6.3	8.1	10.0	15.2	17.5	9.2	1.7	0.3	0.2	73.5

由上表可知，每年从早春 3 月开始至初秋 9 月，是山上雷暴高发时期。春季多因冷暖气流交汇形成雷雨云，夏季则是山中水汽受热膨胀而迅速发展为雷雨云，春夏成因不同。

雷雨云

高高的九仙山，或处雷雨云下，或置雷雨云中，或为雷雨云流窜地。雷暴当空，则闪电撕碎天幕，雷吼声似猛兽，可谓危机四伏，犹如末日来临。观测员描述避雷杆顶的电离放电现象，如黑夜中的火把，"吱吱"的火星如气割机飞溅的火花。该放电现象即为正负电荷相撞中和之果。

避雷针顶尖原为铁，后改为铜。铜比铁更易导电，故选铜做避雷针，但铜的熔点 1083.4 ℃，比铁 1534.8 ℃低，雷电流虽然瞬间可产生万度高温，但作用时间短，才不至于被熔化。

下图为 2019 年 8 月 31 日 11 时 04 分由闪电自动监测仪所拍摄的闪电情景，方向由北看下南端的观测场。

观测场上空闪电

（1）雷暴（闪电与雷声）的形成原理

雷暴一般可分为夏季热对流引起的热雷暴、春季冷暖气流交汇引起的锋面雷暴以及因地形引起水汽上升的地形雷暴三大类。雷暴的形成历经两个阶段。

①形成电压差场的空气电离过程：低层水汽受迫上升而成为积雨云，在积雨云内，由氮气（78%）、氧气（21%）和水分子组成的空气处于强烈上升运动状态，这些上升的空气分子由于摩擦碰撞而发生电离，电离出来的游离电子或去碰撞那些没被电离的空气分子，或被其俘获，从而使这些没被电离的空气分子也发生电离。两种电离机制使得整层大气成为带正电荷的正离子和带负电荷的负离子区，这些正负离子分别聚集于上下两端并附着于云滴上，云层上下两端由此形成电压差。

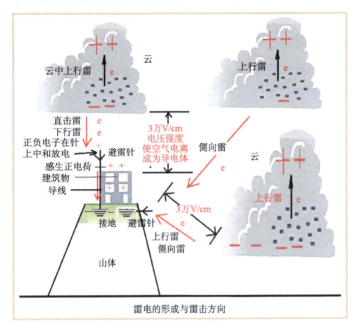

雷电的形成与雷击方向

②对冲碰撞放电过程：当云层上下两端的电压差达到足够大时（一般电压场强度达到 3 万 V/cm 以上），则整层空气被完全电离而成为导体，即整层大气充满的是带电的正负离子而不是中性的绝缘体，或者说空气也带电了，于是，云体内上下两层的正负电子相吸而发生对冲中和，中和即为放光和电离能即闪电，所释放的电离能迅速加热空气而导致空气膨胀爆炸，形成雷声，雷暴由此形成；而云层下端的负电子区则与地面的感应正电荷区也会出现对冲碰撞中和过程，反应区自然是地表突兀点如避雷针。

雷暴形成可简单归纳为：云层内部上下两端的正负电子通过空气这一导体重新聚集、相互撞击产生火花和撞击声，即为闪电和雷声。

雷暴所产生的电压峰值通常可达几万伏甚至几百万伏，电流峰值可达几万至几十万安培，其强大的破坏性，是由于瞬间巨大的电功率所造成。雷暴强电流会产生电效应、热效应或机械力等一系列的破坏，其主要危害建筑物、建筑物内的电子设备和人。

雷电时，并不一定有雷雨，当空气中的水分很少，则往往成为"干雷"。

但雷电也有两大益处：净化空气和产生氮肥。

雷电时，雷电产生的热效应高温会将氧分子 O_2、氮分子 N_2 等空气分子都热解为原子。

大气中俘获电子最厉害的是氧气。俘获电子的氧气分子下沉，且与氧原子结合成为臭氧（O_3），臭氧可分解空气中的有机物，从而净化空气，另外俘获电子的氧气分子也称为负氧离子，负氧离子通过电荷作用，与空气中的灰尘、烟雾、细菌、病毒等微粒结合，使其降沉到地面，从而净化空气，空气特清新。

氮气 N_2 热解为氮原子，转化为一氧化氮 NO，继续与氧原子反应生成 NO_2，与水反应生成硝酸 HNO_3，随雨水下降落地并与土壤中的金属元素反应生成硝酸盐 NO_3^-，氮元素转化为硝酸铵而存在于土壤中，并被植物所吸收。氮、磷、钾为植物生长的三大宝。

（2）雷暴的类型

主要有三大类：直击雷（含侧击雷）、感应雷和球形雷。

一是直击雷：其依方向包括下行雷、上行雷和侧击雷，是云层对大地的放电现象，称为直击雷击，即雷电直接击中地面上的某一物体，如建筑物、人、畜或其他物体等。而侧击雷也是直击雷的一种，只是雷击来自侧向、击中的部位是物体的侧面而已。

二是感应雷击：感应雷击是发生在直击雷外围的电磁感应现象，是直击雷放电过程中所衍生的强大脉冲电流对周围导线或金属物产生的电磁感应现象，其也能发生高电压以及发生闪击现象，或者说是闪电放电瞬间在附近导体产生的静电感应和电磁感应现象，使得建筑物内的金属物线（如钢筋、管道、电线等）感应出与雷雨云相反的电荷。其系悄悄发生而不易被察觉，主要危害建筑物内电子设备。可以认为，感应雷是直击雷的衍生或次生产物，也可称为直击雷的排头兵，因此，往往无直击雷时，感应雷击却也可以产生，也因此感应雷击发生的概率比直击雷高得多。

（户外）雷电侵入波属于感应雷击，是一种因雷击而在户外架空线路上或空中金属管道上产生的冲击电压，并沿着户外线路或管道迅速传播侵入室内的雷电波，其传播速度为 324 m/s（略低于声速为 346 m/s）。雷电侵入波可毁坏电气设备的绝缘，使高压窜入低压弱电系统而造成严重的触电事故。

感应雷击与直击雷击的危害区别如下。

①危害激烈程度。直击雷击比感应雷击猛烈。

②危害频率。感应雷击发生的概率比直击雷高得多，因此危害也越来越大、越来越突出。因为直击雷只有发生雷云对大地闪击时才会对地面上的物体或人造成灾害，而感应雷击不论雷雨云对地，或者雷云与雷云之间是否达到发生闪击程度，都可能发生并造成灾害。

③危害范围。直击雷袭击的范围较小，而一次雷闪可以在比较大的范围内多个小局部同时发生感应高电压现象，并且这种感应高电压可以通过电力线、电话线、各种馈线及信号线等金属导线传输到很远，致使雷害范围扩大。

特别是进入 20 世纪 80 年代以后，由于大量的微电子设备的广泛应用，感应雷击已成为雷电灾害的主要方面。

三是球形雷（地滚雷）：在自然界还存在另外一个非常奇怪的自然放电现象——球状闪电。球状闪电经常会在一次特别强的正常闪电后出现，是一种直径在 15～40 cm 的火球，它不会发生在高空中，通常会漂浮在离地很近的空中，触地则反弹，故球状闪电也称为地滚雷。

球状闪电持续时间短，通常只有几十秒，最长也就是 1 分钟左右。球体内包含着的能量巨大，依能量大小呈现红、橙到白等不同颜色，非常耀眼。依普朗克光子能量与波长呈反比关系（$E \propto h/\lambda$），则红光能量小于紫光。

这种球状闪电有着很强的破坏性：其接触过的地方会被烧焦；在通电导体或者电线的附近有产生异常壮观的放电现象，一旦碰到电线则予以烧毁，破坏电网。

球状闪电的行踪诡异。它会从窗户、门缝或者烟囱中钻进室内（上图），碰到墙壁等障碍物会发生爆炸，瞬间释放能量，有时又会无声无息地溜走。如此诡异的东西，之前没人相信也在情理之中。目前国内外有关这种现象的报道屡见不鲜。

报道 1：曾经在德国就出现过一次关于球状闪电的特殊现象，人们首先看到的是一个大火球从天而降，然后砸向了一棵大树的顶端，当即这个大球就分散成了十多个小球，并散落在地面，然后消失了。看起来像天女散花一样。

报道 2：在俄罗斯的一个农庄，两个在自家牛棚里玩耍的小孩，突然看见牛棚前的白杨树上落下了一个橙黄色的大火球，并且还在不断地向他们靠近，其中一个小孩慌乱之中踢了它一脚，轰的一声火球爆炸了，两个小孩随机被震倒，所幸没有受到伤害。人们后来认为这个火球就是球状闪电。

报道 3：在美国发生过一件很离奇的事件，一个主妇买菜回家后，打开冰箱一看，里面的食物全成熟食了，她记得冰箱里的食物都是生的，后来经科学家的说法是，球状闪电跑进了冰箱，将冰箱变成了电烤箱，但奇怪的是冰箱并没有被损坏。

报道 4：1962 年 7 月，在泰山顶研究雷暴天气的中国科学家，曾亲眼目睹了一次球状闪电过程。随着天空中的一道闪电，他们发现了一个约 15 cm 的球状闪电从窗户进入室内，桌子上的热水壶和油灯都被破坏，床单也被烧出了一个 10 cm 长的焦痕。随后这个红色火球又飘出了房间，随即发生了爆炸。

这样的事例很多，但大致都相同——突然神秘地出现，行踪飘忽不定，随后爆炸或溜走消失，持续时间很短。

由于这种闪电十分罕见，难以捉摸，一直以来被人们认为是一种谣传，或者是一种非自然现象。但随着近代照相技术的发展，人类获得了很多关于球状闪电的珍贵影像资料，这种现象才被科学证实存在，也成为多年来科学研究与探索的神秘现象之一。

从 19 世纪以来，科学家就开始着手研究和解释这种现象的成因。人们虽然得到了一些丰富的资料，也有科学家亲眼目睹，但球状闪电的成因至今仍未弄清楚。有人认为它是一团高温等离子体，有人认为它只是一种特殊形式的大气放电现象，还有人说这是一种量子效应，甚至还有人采用弦理论（理论物理的一个分支）来解释这种现象。

从人类掌握的自然规律出发，人们提出了很多关于球状闪电的形成机理和模型，但都只能解释一部分关于球状闪电的性质。由于自然界发生的球状闪电十分罕见，并且又不能捕捉它，则只能在实验室对它进行研究，但至今还是不能得到能为普遍认可的模型。两百年来，自然界还在为人类展示它的惊人创造力，球状闪电究竟隐藏着什么科学奥秘，相信总有一天我们会解开其中之谜。

（3）雷击的三种危害方式

雷击的迅猛放电现象，会伴随产生电效应、热效应或机械力等一系列的破坏作用，而强大电流和机械力破坏对于电子设备及人体的伤害都相当厉害。

①电效应的危害

正负电荷碰撞中和共释放 2 个电子的电荷量 e，一个电子所带负电荷量 $Q=1.6\times10^{-19}$ C（库仑），或者说 1 C 是 6.24×10^{18} 个电子所带的电荷总量。通常雷雨云体下部可出现至少 20 C 的负电荷量，由于闪电的时间很短，通常在 50 μs 左右，其产生的电流 $I=20/(50\times10^{-6})=4\times10^{5}$ A，即 40 万 A，20 C 相当于 1.25×10^{20} 个电子所带的电荷量，也即一块雷雨云至少含有 1.25×10^{20} 个电子。一个雷暴所产生的电压峰值通常可达几万伏甚至几百万伏，电流峰值可达几万至几十万安培，这大大超出地球上一切物体的承受能力而带来深重危害。

雷电之所以破坏性很强，主要是因为它把雷云蕴藏的能量在短短的几十微秒内释放出来，从瞬间功率来讲，它是非常巨大的。1 C=1 A×1 s，即 1 A 的电流在 1 s 内运送的总电量。

一些常见电器的电流：电子手表 1.5～2 μA，白炽灯泡 200 mA，手机 100 mA，空调 5～10 A，高压电 200 A，闪电 2 万～50 万 A。

人体内部各器官和各功能系统是在一定的电压驱动下由电流流动而进行工作的，若接触到的外部电流超过其承受范围即会出现不适状况。人体部分器官、系统对于电流的反映如下。

呼吸系统。在一般情况下，人体呼吸的最大限压是 36 V，即超过此值将难呼吸而亡，故允许持续接触的"不致死人的安全电压"是 36 V，此电压下，流过人体的电流是 $I=U/R=36/1000=0.036$ A$=36$ mA（高压时人体的电阻为 1000 Ω）。36 V 和 36 mA 是称为人体的安全电压和安全电流。随着电压的升高，会有麻痹的感觉，直至失去知觉。

神经系统。流过人体的电流，会瞬间打乱人体神经和细胞的电平衡，尤其是会造成神经传导异常，使得手等部位感觉发麻，皮肤所接收到的刺激不能正常传入中枢而失去控制，如雷电时，山上人经常在室内餐厅吃饭时，手会不由自主地抖动，手中筷子也会失控而掉落；有一炊事员言，曾有一次在炒菜时，手中铲子在锅中乱颤，赶紧撒手。

器官。心脏是 2 mV，眼睛开闭是 6 mV。

> 人体对电流的反映：
> 8～10 mA 手摆脱电极已感到困难，有剧痛感（手指关节）；
> 20～25 mA 手迅速麻痹，不能自动摆脱电极，呼吸困难；
> 50～80 mA 呼吸困难，心房开始震颤；
> 90～100 mA 呼吸麻痹，三秒钟后心脏开始麻痹，停止跳动。

②**热效应**

电流通过导体时，导体的电阻作用而形成热能，因此电流具有热效应，而电流通过空气这一导体时，也会使空气发热。此外，雷击时所产生的电离能量或者说强大的电流（平均电流是 3 万 A）可把闪电通道内的空气急剧加热到 1 万 ℃以上。

③**机械力**

热效应的能量可使急剧加热到 1 万 ℃以上的空气骤然膨胀而发出巨大响声，这就是雷电中的雷声，而爆炸会带来冲击力即为机械力破坏。电流速度与光速相同，所以先见闪电、后闻雷声。爆炸所带来的冲击力破坏计算如下。

气体状态方程的表达式为：$PV=nRT$，即：$(P_1 \times V_1)/T_1=(P_2 \times V_2)/T_2$，其中，$P$ 是指理想气体的压强，V 为理想气体的体积，n 表示气体物质的量，T 表示理想气体的热力学温度，R 为理想气体常数。

在一个封闭的房间内，$V_1=V_2$，依查理气体定律 $P_2/P_1=T_2/T_1$，$T=t+273$

（K），P_1 为常压 1 个大气压（1 kg/cm^2），T_1 为常温 20 ℃=20+273=293 K，T_2= 10000 ℃ +273=10273 K，由此求得 P_2=34 个大气压，即房间内的空气气压骤增至 34 个大气压，相当于 34 kg/cm^2（340 t/m^2），空气迅速膨胀而发生爆炸，所碰之物在强大压力之下即被摧毁。

关于对于大气压的认识如下。

潜水时人体可承受的最大压力大约为 18 个大气压。人体在潜水时，需要承受水的压力，重压会造成耳膜破裂，胸部受压塌陷，并最终导致死亡。

一个大气压可支持的水银柱是 76 cm，可支持的水柱 $h_水$ 的计算：$h_水 \times \rho_水 \times g$= $h_{水银} \times \rho_{水银} \times g$，$h_水$ = 0.76 m $\times$ 13.6 $\div$ 1 = 10.336 m，18 个大气压的水深 =（18-1）$\times$ 10.336=176 m，即人体潜水的极限深度为 176 m。

空气密度 1.293 kg/m^3，水密度 1000 kg/m^3，肌肉密度 1060 kg/m^3（略高于水，即大多情况下，肌肉可以被看作水），人的肢体骨头密度 1300 kg/m^3（1.3 g/cm^3，1.3 t/m^3），楼层水泥板密度 3000 kg/m^3（3 g/cm^3）。

人体中的头骨最硬，大约能承受 2000 个大气压的压力即 2000 kg/cm^2 的压力（与石头相当），此压力会使人的骨头粉碎。

手的握力是 100 kg，若握力面积是 6 cm $\times$ 3 cm=18 cm^2，则压强是 5.5 kg/cm^2，相当于 5.5 个大气压。

墙体能承受的爆炸力为 5～10 MPa 即 50～100 个大气压。

雷电在放电爆炸之后，能量即被释放，在酝酿一定时间之后，能量足够时则又现雷电。

（4）袭击测站雷暴事件

雷暴之下无完卵。在强大的雷暴面前，一切都会被撕得粉碎。九仙山上雷的来向总是与众不同。通常的雷击自空而直降，但九仙山上的雷是多维度的——从上往下、从下往上、从左到右、从右到左、从前到后、从后到前、从侧扑来，可谓"群魔乱舞"，滚滚而来，恐怖至极。以下依年代顺序分述各年代主要雷击事件。

① 20 世纪 50 年代——入室伤人球形雷

1956 年 3 月 19 日凌晨 02 时 05 分，一从值班室西侧外墙体穿过玻璃窗进入的火球追着摇机员涂财源，并在走廊处将其击倒（因无人能说清其身上是否有伤，故也有可能是被吓晕）。在走廊边宿舍休息的王炳熙站长听到外面有动静，探出头发现出事了，连忙招呼大家出来。好在此前老同志许继福曾到福州学习急救知识，站里平常也备着一些简单的药品，经心脏按压人工呼吸和打了强心针之后，"有一个多钟头不会讲话"的伤者才慢慢好起来。

1 9 5 6 年　3 月	
19	2⁰⁵ 雷暴在观测室爆炸 打伤摇机员 涂财源同志，有一多钟头不会讲话，经打针急救后才慢慢好起来。垂打坏室外水沟，室内地各一小处，震坏电台指示灯三个。

一次球形雷入室伤人记录

老同志周希明回忆，值班室西侧外墙体上的避雷针铁线断掉，紧邻的玻璃窗却丝毫无损，雷暴还在室外水沟和室内玻璃窗附近的地板上各打出一个小洞。

另一种可能性是：球雷在窗外炸断避雷铁线和在水沟炸出小坑之后，从下方通气孔进入，可能捅破地板后而赫然出现，首先"追击"的自然是临近的正带电作业的摇机员，此时球雷的能量应该不强。

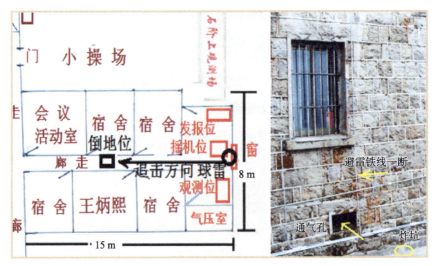

球形雷入室路径分析图

球雷还震坏发报电台指示灯三个（引自台站记录）。此时观测已完毕，值班室仅剩摇机员与发报员周希明两位同志。由于雷电干扰信号，发报员周希明当时正戴着耳机全神贯注校准信号，浑然不知身后摇机员出事，在发觉无摇机输送的来电之后，回头一看，方知出事。好在雷暴只是震坏电台指示灯的保险丝，简单更换即可发报，摇机员最终也无大碍。

报务员的工作是架天线和电台、将报文发到福建省气象台通信科。报务员的工资比测报员多10元。

经之后当事人摇机员涂财源回忆，雷电可能是从墙上避雷针铁线进入室内，把他打伤后从走廊"溜走"。

摇机员涂财源为人单纯老实，在解放赤水时为部队送情报，被评为"五老"（"五老"人员指的是我国抗日战争、解放战争时期为我党做过贡献且健在的老同志，其包括：老地下党员、老游击队员、老交通员、老接头户、老苏区乡干部），1955年9月入职为九仙山气象站合同工，1958年4月离站到县畜牧站工作，后转正。

观测记录显示，1956年3月19日02时之前的雷暴方向在测站西南向，01:57—02:05雷暴在头顶和西北向，此时雷暴打向西端值班室的西面墙体，02:07转向东北。

下图的记录，[ϟ]是远雷，ϟ是近雷，方位中的SW为雷在西南方向，Z为过顶雷，即头顶上空有直击雷或身处雷雨云中。

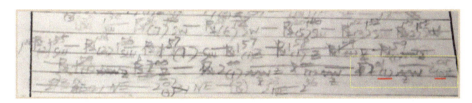

雷暴过程记录

雷过顶时的气压可无变化，进一步发现山上雷暴过境时一般都无明显的"气压鼻"等变化，而通常则认知雷暴过境时会有气压鼻等的变化，此为山上雷的不同之处。

2023年5月31日采访现住石狮市的老同志洪家单，老人家绘声绘色地描绘当年一次与雷的遭遇：一个鸡蛋大的小火球由脚上窜起，从手臂出去，"顺带"拔走指甲，向门口"扬长而去"。当年被拔指甲，后来又长好。可见球形雷在山上的出现还是比较多的。

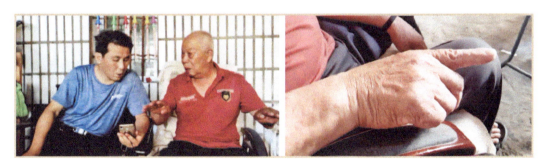

老同志回忆遭遇的一次球形雷

② 20世纪60年代——烈士殉职侧击雷

1967年7月20日（农历六月十三）中午12时46分，雷声滚滚，一个震耳欲聋的落地雷暴将观测场东侧和南侧约35 m围栏炸毁，被炸围栏中心在东侧南段，而正在观测场东南角观测的赖开岩同志也被击倒，不幸殉职，年仅27岁。牺牲时，他的手里

还紧攥着气象观测数据本。单位纪要如下图所示。

特殊纪要	（包括初、终日期，附近发生水、旱、风、雹、霜灾，河流冻结、解冻、泛滥，因天气现象引起的灾害等）
20	1日四周雷暴强烈，值班员赖开岩同志被打，仿佛手足以致麻痺性，并打坏观测场东、南面栏杆的水泥。

雷击事件记录

据事发当时目击人、观测员陈天送的妻子事后回忆（钟光荣转述）：1967 年 7 月 20 日是农历六月十三，这一天是云济祖师生日（云济，晋江人，儒士，在德化教书，同情群众疾苦，于公元 1464 年在九仙山永安岩坐化），德化山区群众将祖师生日作为独特民俗的"佛生日"（也叫"佛诞节"），也成为一年一度的庙会，世代沿袭。这天参加佛事后，她带着小儿子上山探亲，正在雷暴集中的东南角观测的赖开岩同志看到走在观测场下的进站小路上的她们，连忙冲她们喊"快要下雨了，快点走"，说完的刹那间，雷击发生（下图）。

雷击时的目击者位置和被炸围栏

此场面反映，东南雷响之处，虽为危险之地，开岩同志并不逃避，并不是躲在观测场西北角等安全位置观测，而是迎向危险的东南响雷位置细查，体现了高度的工作责任心。

依 1967 年 7 月 20 日观测记录显示（02 时、08 时、14 时、20 时 4 次正规观测），整天总云量为"⑩"，即天空基本充满云，而 14 时低云量为 8 个即占天空 8 成范围，08 时和 20 时观测的低云量为 0，说明在当天 14 时前后九仙山周围上空不但布满高云，而且还存在 8 成的强对流低云，这些云有：Cb cap（鬃积雨云，一种非常高大壮观的对流雷暴云）、Cu cong（浓积云）、Cu hum（淡积云）、Fc（碎积云）、Ci dens（密卷云，属高云）。

7 月 20 日的雷电记录显示如下。

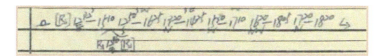

雷暴过程记录

将上图的雷电记录整理为如下表格。

1967 年 7 月 20 日雷暴出现时间和方位表

出现时间	12:32—15:10	12:46	12:50—16:25	13:20—14:25	15:30—17:10	16:20—18:05	17:20—18:20
雷电方位	东	头顶	南	北	西	西北	北

由雷电记录显示，从正午起，测站东面和南面两个方向出现雷暴，并持续到 15—16 时，两个方向的雷暴持续时间 3 个多小时。12:46，雷暴过头顶袭击测站，并击中烈士；13:20，测站北面也起雷，西侧 15:30 也起雷，16:00 后，西北侧也起雷，可见，当日下午九仙山一直为雷暴所困，可谓危雷四伏。

出事之际，虽然雷电当空，但一些观测的气象要素则颇为难解。

气压无变化。下图中气压自记纸显示，12—13 时的气压一直维持在 840 hPa，平稳无升降变化，与平常值也差不多，说明：并非外部雷暴过境，而是测站本身已处于雷雨云之中；雷击的时间相当短，雷暴冲击波的影响范围很小，以至于气压自记纸都来不及反映气压的变化。

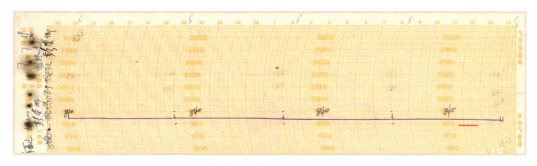

雷暴出现前后的气压变化

无降水。下图显示测站一直没有下雨。直到第二天即 21 日中午 13 时 22—40 分雷阵雨才下，雨量 7.5 mm，雨势猛，但时间短，说明该雷暴是干雷。

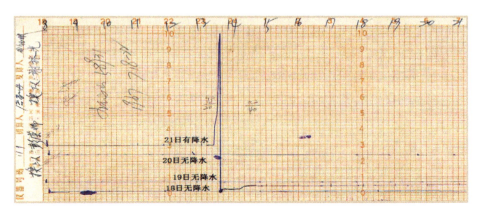

降水情况记录

风。遗憾的是，当时还没有安装 EL 型电接风（1971 年 6 月 1 日安装），无自记纸可判断风向和风速的变化。

开岩同志不幸殉职后的第二年即 1968 年，其家属获中华人民共和国内务部颁发的"因战因公牺牲人员家属光荣纪念证"；1983 年，开岩同志被授予"革命烈士"称号，也是中华人民共和国第一位气象烈士。

烈士证

③ 20 世纪 70 年代——重创发电机房与伤人直击地滚雷

（a）雷暴状况

雷暴威猛撼心魄。1976 年 4 月 6 日 03—04 时，测站又经历了一次惊心动魄的雷暴袭击。"气簿-1"的特殊纪要显示，在以测站东面大门为中心发生滚雷，站房、仪器、电话线被打（见下图）。

一次雷击事件的记录

当时谢林光同志上夜班，深夜一声炸雷，熟梦中的林玉仙、陈锦民、颜进德等同志被惊醒，感觉不妙、深恐出事，连忙一起赶到二楼值班室。值班室内一片漆黑，原本两盏

雷暴过程记录和当事人

煤油灯被吹灭，值班员跌坐于地一动不动，由此两项判断，应是很强气浪即冲击波所致，万幸伤者此后缓过劲来。提起当年的恐怖情景，现 80 多岁的谢老已忘光了。

1975 年 12 月入职的老同志颜进德回忆，事发当天他跟班，但谢老让他夜间休息。当夜他也赶到值班室，看到老谢倒地，耳出血，是打电话发报时听筒被雷电流入侵袭击所致。

天气现象备注显示：雷击发生在凌晨 03 时 50 分；雷暴时为浓雾，故看不清天上云状；一般性阵雨；其他观测记录显示：气压平稳；西北偏西风，10 min 平均风速 8.5 m/s，没有出现大风。

（b）雷击点还原与威力

该雷电的爆炸点有以下七处（左图）。

一是观测场东北角的避雷针木杆前方地面 20 cm 处有个像排球大小的炸坑。

二是木头电话线杆被由上往下一劈为二而不是拦腰打断（庄栋生站长回忆），木材的抗劈力 150 个大气压。

三是入门门口东面阳台围栏被整座推倒。

四是位于发电机房正中央的一台约 80 斤重的汽油发电机被炸到墙角，所幸内无汽油。该房门窗全毁，房内电线化为粉末而非烧焦。

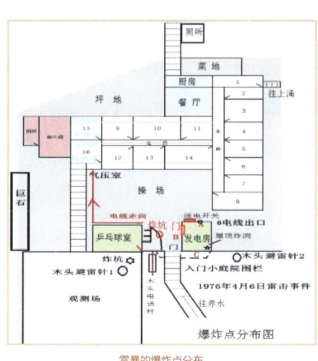

雷暴的爆炸点分布

雷击威力计算如下。

由机房内汽油发电机被炸到墙角的爆炸力，可间接反推计算雷电电流或电压场强

度，此为雷电流的研究提供了一种难得的实例分析，由此进一步体现山上雷电的厉害，又因是中学物理计算知识而具科普实案。其推算过程如下。

摩擦力的计算公式 $f=\mu N$，石头表面粗糙的硬质岩的摩擦系数为 0.65～0.75，μ 为动摩擦因数，也叫滑动摩擦系数，取 0.7；N 为正压力，若发电机 40 kg 重量，则推力 $=0.7\times40=28$ kg，而上述计算（134 页③机械力）的雷击爆炸所产生的 34 个大气压，其推力为 34 kg/cm²，则足以推动发电机。

据老同志良成回忆介绍：部队在此建房系为对空联络，当时可能有打仗的思想准备，由惠安空军机场来建，时间比较紧，约建一个多月。所建两间房子很牢固，墙体 60 cm 厚度。事后才知道，水泥用的标号比较高。

五是发电机房入门正对面土墙体（无砌石头或砖的原始山体）被炸出一个可容一人钻入的大洞（下图位置）。据北京钟光荣同志回忆：1978 年上山时，与福建省气象

雷击位置

局防雷专家一同住在发电机房，门正对面即为炸洞，每天都要面对，故印象深刻，虽然雷击已发生了 2 年，但雷击现场没被破坏，炸坑约半人高，大小 80 cm 左右。若人体身高 170 cm，半人高则为 85 cm，则洞沿下端离地面的高度为 45 cm。

土壤的抗压强度 0.4 MPa（4 个大气压），红砖 10 MPa（100 个大气压），木头和风化岩石 40 MPa，岩石 100 MPa，钢铁 200 MPa。

据前述（134 页③机械力）之计算，发电房爆炸中心的气压 P 为 34 个大气压，在距爆炸中心一定距离 x 处的气压以 $1/x^{1/2}$ 衰减，即仅为 $P/x^{1/2}$，则：

计算可得离爆炸中心约 2 m 的木门所受爆炸气压为 24 个大气压，虽然木头的抗压为 40 MPa（400 个大气压），但木门有缝隙而大大降低抗压能力，故门被炸破；

计算可得离爆炸中心约 6 m 的土墙，该处为 14 个大气压，大于土壤的抗压强度 0.4 MPa（4 个大气压），故被炸成坑。

计算可得离爆炸中心约 25 m 的值班室内，瞬间气压可达 7 个大气压。

六是观测场下乒乓球室（部队另建的西侧房）外阳台被整座推倒。

七是值班室内的观测仪器、通讯电话被打坏，人员被击倒，煤油灯灭。

上述计算值班室内的瞬间气压可达 7 个大气压，其足以灯灭人倒，因作用影响时间极短，才不至于造成太大伤害。

（c）雷暴特征

经雷电专家分析，强大的雷电电流经电线传导到室内发电机而爆炸，可见爆炸系由内向外而非由外向内直击所致。

老同志林良成回忆，雷暴从 B 墙进入、从 C 墙上方出去（参见 141 页雷暴的爆炸点分布图），房间内东边的电线均烧光成为粉末，A 边外墙上的送电开关铜线熔化而不知所踪，A 墙上方有一个电线出口，连接值班室和房子用电。发电机房的东南角由扁铁连接到地表防雷均压网，同时东南方向大门口有一根木头避雷针 2。

从各雷击点可以看出，本次雷击出现在两根避雷木杆之间，体现了"雷打一条线"特征。

④ 20 世纪 80 年代——如童扔炮吓胆雷

一个雷暴所产生的电压往往可达上万伏，其威力可想而知。雷击时地动山摇，室内外设备被强电流摧毁，而观测工作则雷打不动。一旦看到闪电和听到雷声，就要记录下发生的时间和方位，并编制成航空危险报文且需在 5 分钟内发出，所以一名合格的观测员，既要练就"火眼金睛"，又要有"顺风灵耳"。

复杂天气，特别是雷雨天气，信号受雷电的干扰严重，只能寻找雷停的机会摇电话发送报文。可是，谁也不能确保停息后的雷暴何时还会再来。观测员连友朋同志就曾被撞到，趁雷停时赶紧发报，不想雷暴忽起，耳膜被电话听筒传来的突然增大的感应雷轰鸣声给振破了，此后听力一直都很差。

1982 年，当时的泉州气象局郑成钧台长（即相当于现在的局长）所乘坐的吉普车在仙游凤亭出事，多人受伤；1983 年，郑台长上山指导工作，在山上的第三天出现雷暴，一块水泥板被雷劈断而掉下来，差点砸到正在二楼办公室的郑台长，故其最担心的是车与雷。

设备被强电流摧毁的场景则更是触目惊心。

为阻止雷电流通过线路进入室内损坏仪器设备，在电接风线路进值班室前接上 12 个高压真空放电玻璃管（右图）作为一级防雷保护，两部电话机的室内室外电话线各接 1 个，这样总共有 16 个真空管。

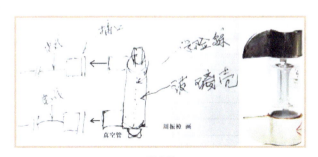

真空管

电话机线路上的真空管是直接插入一挂在墙上的底座上，底座用四个螺丝钉固定。在座机的前端还设计一个通线开关，一旦雷击即断开线路。

老同志陈孝腔描述，室内保护电话机、电接风等线路安全的真空放电玻璃管，一旦有雷电流入侵，则管内保险丝熔断、真空不再维持而使玻璃管涨爆，其炸裂声就像淘气的小朋友在你身边扔鞭炮突然炸开一样，真会被吓得惊跳起来。

根据多年的经验，打雷连续三声后即可马上更换真空管，以保证航空报和危险报在整点5分钟内发到德化邮电局报房。

一次雷击事件记录

左图为1988年6月16日的一次雷击状况。据当事人周振樟同志事后描述：直击雷打爆拉闸后的真空放电管，损坏甚高频电话和PC-1500编报机，还烧毁了手持的气压观测灯电线（正常是13时56分观测气压，只好用手电筒照明，此影响不大），值班室内浓烟滚滚。

台站记录的损坏情况：

当时的气象观测记录显示（下图），11时54分，测站东南方向开始打雷，13时38分开始罩雾，13时52分开始下雨，且雷暴同时过头顶袭击测站，并在测站当空爆炸，因PC-1500编报机损坏而只好手工查算湿度、气压等要素。按规定，13时59分之前要先发出航空危险报，14时03分之前发出整点天气报文，

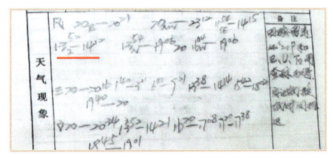

雷暴过程记录

在这种情况下，都会有其他同事主动放弃休息时间前来帮忙，否则根本来不及。

1989年8月5日《福建日报》报道见下图。

《福建日报》相关报道

老周回忆说，当时正在观测本上记录雷暴时间的笔并非如记者所夸张的那样"手中笔被击飞"，而是因惊吓或身体受电感应而扔掉的，若是被雷击飞，则人早没了。

据老周称，另有一次在记录雷暴天气现象时，猛雷突至，因惊吓而将手中笔划到上端的地温栏，一帮人到福建省气象局档案馆翻找原始记录本，很遗憾没找到。

对于猛雷的见识，1989 年中专毕业分配到山上工作的陈孝腔同志回忆说：我们上山时，正是九仙山青黄不接、条件最艰苦的几年。正常新人要跟班 3 个月以上才能独立上班，我们只跟一个班熟悉一下环境就一个人独立上班了，因此，对于雷暴的威胁并无感触，只记住一旦雷响，则 5 分钟之内必须完成记录并发出航危报。特别是午后强对流天气，Cb 云（积雨云）笼罩在山顶，一片漆黑，窗外是近在咫尺的泛着蓝绿光的道道渗人闪电（远处的闪电通常呈白色光），室内是同步到达的真空放电管炸裂声，炸裂声盖过雷鸣，硬着头皮冲进观测场时，手脚发软发抖，真不知道什么时候突然一个雷就会劈下来……忙着观测干湿球温度，给自计仪器做记号，有时还要测量冰雹直径等，再跑回值班室，编报的同时还要紧盯直线上升的雨量（1985 年 5 月 1 日起安装了 SL1 型遥测自动记录雨量计，显示终端在室内），以观测雨量是否达到重要天气标准。如果碰到危险报、重要天气报、定时天气报和航空报 4 份报文必须同时编发，则往往手忙脚乱，不免紧张，一直揪心可能产生迟报而忘记身边电闪雷鸣。

这真是：响雷如号角，测场即战场；心忧报天迟，牛犊不识虎。

在正常情况下，压、温、湿、风、雨 5 张自记纸也在 14 时更换，若碰上类似上述的突发紧急情况而来不及按时更换，则可在备注栏说明推迟更换时间和原因。

老同志陈孝腔回忆：最怕 14 时打雷下雨或冰雹，按规定必须穿上厚重的金属防雷服（右图）出去观测，但防雷服往往只是摆设，从没见谁穿过，因为时间上根本来不及，有时甚至连套上雨衣的时间都没有，经常出去观测回来都是浑身湿漉漉的。经常因担心淋湿而不带观测本，强记观测数据，回来的路上口中不停念叨着干湿球温度等观测值……像"疯子"一样。

自从赖开岩同志牺牲之后，大家也逐渐总结了两条雷暴天气下的自我保护方法：

一是在与观测场连通的风楼门口等待（下图红圈处），一旦雷暴停止，即以百米冲刺进观测场记录数据并迅速返回，打个雷电时间差；

二是在观测时若身上发麻，就意味着已

防雷服

感应到雷电电流，此时应迅速单脚跳回，或双脚并拢小碎步返回，以减少跨步电压的危害。

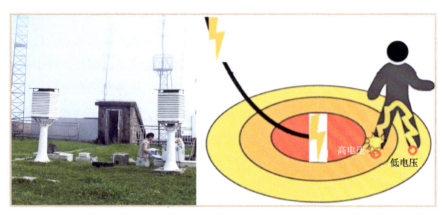

风楼和跨步电压示意图

跨步电压：雷暴出现时，在地表面不同位置形成不同的电压，离雷暴中心越近，电压越大，这样一来，两脚的跨步越大，则双脚间的电压差就越大，由此导致人体失去知觉而跌倒，跌倒后人体的触电电压更大，地表上的电流将流遍全身而致命。

⑤ *20 世纪 90 年代——打击自动观测梦想的强雷暴*

落后的人工观测方法亟待改变。自 20 世纪 80、90 年代起，气象观测自动站的研发与使用为气象观测带来了革命性的变化。全国气象观测自动站历经了以下几代产品，其中：

Ⅰ型自动站：起源于 20 世纪 80、90 年代，国外主采集器，如 1994 年安装于九仙山的那套意大利设备，主要为 2000 年前产品；

Ⅱ型自动站：国产主采集器，主要有 CAWS600 型，是串口，观测项目有：气压、气温、地温、相对湿度、风向风速、雨量；

新型自动站：现在有人台站所用，为光纤传输；无人值守的海岛站、高山站则采用无线通信传输。

自动气象站在九仙山上的落户，因雷而费周折。作为基本站的九仙山，原本理应是最早安装自动站，却很是尴尬地最后搞定，此乃拜雷所赐。

（a）1994 年最早使用自动站——山上第一代自动气象站

1994 年，世界气象组织落实"黄河项目"赠给我国 13 套自动气象站，九仙山一套。曾参加设备安装的糜建林同志回忆，当年福建省气象局首先考虑到山上环境工作的恶劣，希望能够通过自动观测设备来减轻工作负担和降低人员危险，于是将向中国气象局申请来的福建省唯——套安装于山上。1994 年 8 月 3 日，世界气象组织赠送的

一台几十万元的自动观测
设备终于落户九仙山（右
图），其观测数据系通过卫
星进行传输，也是福建省
的第一台自动观测设备。设备是意大利生产的。

黄河项目自动站装机纪录

老同志连明发回忆则称，当年全国共 25 套自动气象站，共 100 万美元。当时的人
民币与美元汇率是 8.7∶1，每套约 35 万元人民币，价格不菲。

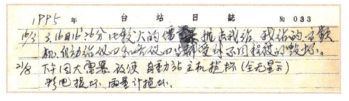

自动站被雷击受损记录

事与愿违，好心难成。
1995 年 3 月 16 日，发报用
的高频机、自动站观测仪器
被雷打坏；8 月 21 日，雷
暴再次袭击，自动站主机和

电视机被雷打坏，损失惨重（8 月 29 日上山慰问的泉州市何立峰市长给 2 万买"大哥
大"手机，以免影响发报）。一年之内两次遭雷毁，前功尽弃，首次观测自动站的使用
受挫，数据全无，也让国内外领教到我九仙山山雷的厉害。

此后该机闲置，1997 年 1 月 17 日，糜建林随
福建省气象局吴章云副局长上山时补拍了上述设备
（右图）。因是国外产品，没人懂维修，直到 1997 年
11 月 22 日，该套自动站只好撤回福建省气象局检
修，也宣告了自动站在山上有"水土不服"之嫌，
只有人才是最可靠的存在。

（b）1999 年安装 Ⅱ 型遥测自动站——山上第二
代自动站

1999 年安装 Ⅱ 型遥测自动站（长春产），还被
福建省气象局评为"二型地面遥测气象站建设先进集
体"。因山上天气实在恶劣，屡被雷暴打坏，观测的
稳定性差，故不能取代人工观测，一年之后的 2000
年 11 月，只好撤走设备和电脑，送往漳州使用。

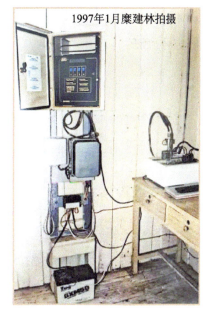

1997年1月糜建林拍摄

山上第一代自动气象站

"脑"去楼空，现代化的工作进程就此夭折，只
好"乖乖"继续采用原始的人工观测。

（c）2006 年最晚启用自动站——山上第三代自动气象站

2005 年 5 月防雷工程彻底改造之后（2004 年 11 月动工），雷电的危害大大降低，

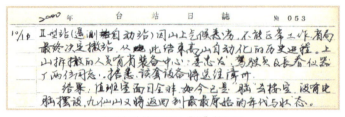

II 型自动站因雷而"撤"的记录

暴露于室外观测场中的自动气象站传感器、传输线路以及室内主机受雷击或强感应电流的攻击危险性大为减弱，因此，CAWS600 型自动气象站终于 2005 年 12 月在山上安家落户，并于 2006 年 1 月 1 日投入业务应用，与人工并行观测，2008 年 1 月 1 日开始单轨运行，从此，九仙山气象站终于全面采用自动观测，几十年的人工观测算是熬到头了。详见 111 页 "5.编报发报不简单"。

⑥ 21 世纪 00 年代——雷打墙洞未解谜

世上没有"金钟罩"，室内并非安全岛。

2004 年 4 月 23 日 19 时 47 分（全国九仙山防雷整改专家论证会前夜），强雷暴潜入一楼乒乓球室（上面二楼为测报室，如下图所示），在墙体上方炸出一 15 cm 大小的洞，并穿透墙体捅破隔壁老同志曾再兴宿舍的塑料扣板（见下图，拍摄时间 2004 年 5 月 12 日 19:30），此后轮休回来的老曾欲进宿舍，却推不开门，原来是雷击破碎的土石块堵住了房门，房内电线无烧焦痕迹，乒乓球室的炸洞周围及房内其他地方均无任何破坏痕迹。

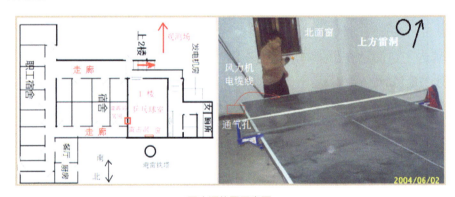

雷击洞位置示意图

雷击洞

雷暴如何进入、为何不是在北侧外墙体爆炸而是在内部？无人可解惑，至今为谜，甚至连本次雷暴的发生时间也一时无人说得清。

但相关的调查还是取得一定的进展。2005 年初，九仙山气象站作为全国气象部门党的先进性教育典型而在全国巡回宣讲，山上的强雷暴因此受到关注。2005 年 3 月 22 日，中央电视台两位记者上山采访，恰好下午 16 时 45 分，一次飑线（一种强雷暴）过境，初生牛犊不怕虎的两位记者从未见此等壮观的雷暴场景，他们说，这么多年，你们都没事，肯定没事，拦不住还是冲进观测场，工作人员只好拿雨衣陪护摄像机，5 月 8 日，中央电视台十套播出《危情时刻——雷击九仙山》节目。台站记录了两位记者姓名（见下图）。

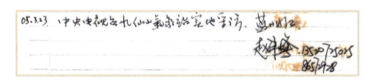

中央电视台采访记录

在节目中，介绍了 2004 年 4 月 23 日 19 时 47 分雷击一工作人员倒地的情景，站长玉仙同志向记者介绍在事发后的次日即 24 日发现这个洞。

事后分析雷击入室的两种可能原因。

一是根据楼上和周围房子都安然无恙的现状认为，其不符合具有大面积杀伤力的直击雷特征，倒是很符合球状闪电的特性——小而强悍，悬浮空中，遇物便炸。

二是认为，雷击房北侧为一座防雷高塔，其泄流扁铁向西接入厕所外、并引下山，而楼板内的钢筋与整座楼房屋顶的防雷带也一同在厕所外引下

站长向记者介绍雷击洞情形

山，经事后发现，引下山的扁铁断裂，由此导致防雷高塔所引来的强烈电流流回楼房，而雷击洞所处位置为整座楼房最阴暗潮湿地，终成雷暴突破口，雷电系由墙内向外爆炸。

可见，你永远也不知道漫天的雷暴重拳来自哪里、会击向何方，这记重拳又有多大的威力，一切都是谜一样的存在。

拳王泰森曾经在打击力量测试仪器上测试，其右拳力量 800 kg，左拳力量为

500 kg，假设拳头面积 10 cm×7 cm=70 cm^2，则其压强为 800 kg/70 cm^2=11.4 kg/cm^2，即 11.4 个大气压，红砖的抗压强度为 10 MPa（100 个大气压），因此，拳王泰森断打不出 148 页下图这么深、这么大的窟窿，可见雷暴之强悍。

⑦ 21 世纪 10 年代之后——劈石雷

"铁砂掌"，乃力大无穷之手劲，可劈砖裂石，可惜已成武林绝唱，难再见此神功。不过，在九仙山，劈石绝技仍可一见。

2020 年 7 月 29 日下午 16 时多，在测站北侧约 50 m 的八仙过海景点旁，情侣石中的一块巨石被雷电劈掉一角。岩石的抗压强度是 100 MPa，即 1000 个大气压，其威力不可想象。

被雷劈的情侣石

据在雷击点附近的景区荡秋千管理员老杨介绍，当时看到雷击处浓烟滚滚，因临近下班而没前去查看，第二天才去瞅瞅，发现大石头被劈掉一大块。距离这么近，也是后怕（下图）。

目击者位置和值班室内的毛主席像

雷，乃山上恶劣天气之首，随时有夺命之险。不过，只要你能听到雷声在响，则说明你还活着。从某种意义上可以说，观测数据是拿命换来的。

尽管雷电凶猛，但大家坚信，有毛主席与大家同在，则一切都不可怕。毛主席就是定海神针，伟人赐给大家无穷的力量。

3. 防雷保命，任重道远

1967年7月20日出现雷击亡人事件之后，省、市两级气象局高度重视山上的防雷工作，山上的防雷遂被作为大事来抓。于1967年9月上山工作的林玉仙和林良成两位同志称，当时山上尚未安装防雷设施，是上山不久后才开始布设。

（1）一些防雷知识

防雷工程的主要技术指标要求是避雷装置的接地电阻需小。接地电阻反映整个工程系统疏散雷电流的速度即消雷能力——能否在最短时间内将雷击点处的强大高压雷电流引向避雷设施并快速向受保护区之外分散：电阻越小，则电流分散越快，防雷效果越好。

按照《建筑物防雷设计规范》（GB 50057—95）（2000年版）规定，一类建筑物应装设独立避雷针或架空避雷线（网），使被保护的建筑物及风帽（右图）、放散管等突出屋面的物体均处于接闪器的保护范围内，架空避雷网的网格尺寸不应大于 $5\,m \times 5\,m$ 或 $6\,m \times 4\,m$；独立避雷针、架空避雷线或架空避雷网应有独立的接地装置，每一引下线的冲击接地电阻不宜大于 $10\,\Omega$。

楼顶风帽

①接地电阻

接地电阻 R 由导体电阻 R_1、土壤电阻 R_2 以及导体与土壤之间的接触电阻 R_3 三部分组成。接地电阻 R 与接地体材料的电阻率 ρ 成正比、与接地体面积成反比，$R \propto \rho/\sqrt{S}$。因此，在材料选择之后，尽力增加接地体面积的地网设计颇有学问（详见后面的第5次防雷工程——防雷彻底改造）。

②电阻率 ρ（$\Omega \cdot cm$）

电阻率是一段横截面积为 $1\,cm^2$、长 $1\,cm$ 的导线的电阻。$1\,\Omega \cdot cm^2/cm = 1\,\Omega \cdot cm$，$1\,\Omega \cdot m = 100\,\Omega \cdot cm$。电阻率 ρ 可反映物体的导电能力，电阻率越大，则

导电率 σ 越小，即导电能力越差。

一些与防雷有关材料的电阻率：铜 1.75×10^{-8} $\Omega\cdot cm$，钢铁 9.78×10^{-8} $\Omega\cdot cm$，砂土 100 $\Omega\cdot cm$，岩石的电阻率 ρ 为 10000 $\Omega\cdot cm$。

③电导率 σ

电导率 σ 是表示物体传导电流的能力，当 1 安培（A）电流通过物体的横截面并存在 1 伏特（1 V）电压时，物体的电导就是 1 S（西门子）。

电导率标准单位是西门子 / 米（S/m）或毫西门子 / 米（mS/m），1 mS/m= 10^{-3} S/m；1 S/cm=100 S/m= 10^{5} mS/m，1 μS/cm= 10^{-4} S/m= 10^{-1} mS/m。

在介质中，电导率 σ 与电场强度 U（电压，单位伏特）之乘积等于传导电流密度 I（电流，单位安培），即 $I=\sigma U$，或者 $\sigma=I/U$。

④电导率 σ 与电阻率 ρ 的关系

电导率 σ 为电阻率 ρ 的倒数，即 $\sigma=1/\rho$，取电阻单位欧姆之倒数。1 S= $1/\Omega$，若电阻率为 1 $\Omega\cdot cm$，则电导率 =1/（1 $\Omega\cdot cm$）=1 S/cm= 1×10^{5} mS/m，如，海水电阻率 =5 $\Omega\cdot cm$，则其电导率 =1/（5 $\Omega\cdot cm$）=0.2 S/cm= 2×10^{4} mS/m。

⑤空气、水与土壤的电阻率和电导率在防雷工程中的应用原理

通常情况下水的电阻率（50 $\Omega\cdot cm$）小于土壤（500 $\Omega\cdot cm$），更易导电，若土壤含水大，即土壤越湿，则土壤的电阻率将减小而容易导电，人体越危险，所以少去有水的地方，有雷电时不要游泳。

土壤致密与否对电阻率的影响也是很大的。当土壤疏松时，土壤中的空气多，因空气的电阻率大，导致土壤整体的电阻率加大。因此在防雷工程施工时，应将回填于接地体四周的土壤压紧致密，同时还可以保证接地体和土壤间的良好接触以降低接触电阻。

一些物体的电阻率和电导率表

导电属性	物体	电阻率 ρ/（$\Omega\cdot cm$）	电导率 σ/（mS/m）	备　注
绝缘体	空气	3×10^{15}（大）	3×10^{-11}	干燥空气的电阻率无穷大；湿空气电阻减小
	绝对纯水	∞（无穷大）	0	不导电
	猪皮鞋面革	3×10^{10}	3×10^{-6}	不导电

续表

导电属性	物体	电阻率 ρ/($\Omega \cdot cm$)	电导率 σ/(mS/m)	备 注
半导体（电阻率：$10^{-3} \sim 10^7$，如 Si、砂土、人体）	蒸馏水（纯水）	10^5	1	对于溶液，水中杂质越多，则电阻率越小，越容易导电，故水中加食盐（NaCl）可增强导电性
	自来水	应大于1300（杂质应少）	<77	
	泉水	50	2×10^3	
	海水	5（水中最小）	2×10^4	
	岩浆岩	$10^4 \sim 10^7$	$10^{-2} \sim 10$	土壤中含水越多，则电阻越小越容易导电；土壤中含空气越多，则电阻越大越不容易导电，故接地消雷铁线应埋在土壤中并夯实
	泥岩和砂岩	$10^3 \sim 10^5$	$1 \sim 10^2$	
	含砂黏土	300	3×10^2	
	砂土	100	10^3	
	黏土和耕土	60	2×10^3，易导电，接近于水	
	泥土	$10^1 \sim 10^3$	$10^2 \sim 10^4$	
	酸碱土壤	$6 \times 10^2 \sim 1.4 \times 10^4$	7（酸）～170（盐碱土）	
导体	铜（Cu）	1.75×10^{-8}	6×10^{12}	铜比铁更易导电，故选铜做避雷针。但铜熔点1083 ℃比铁1535 ℃低。硬度铁4、铜2.5。铁的密度7.6 g/cm³
	铁（Fe）	9.78×10^{-8}	1×10^{12}	
	铅（Pb）	2.1×10^{-5}	4.8×10^9	常用于铅酸蓄电池。铅的熔点327 ℃，沸点1740 ℃，密度11.3 g/cm³，比热容0.13 kJ/（kg·K），硬度1.5
	石墨（C）	$(8 \sim 13) \times 10^{-4}$	10^8 电导率高，电子可自由移动	属非金属导体，一种结晶形碳，黑色。质地软，化学性质稳定，耐腐蚀，同酸、碱不发生反应，故电池极选之而不选铅
人体电阻	皮肤角质层	$10^7 \sim 10^8$（绝缘体）	$10^{-3} \sim 10^{-2}$	人体电阻由两部分组成。人体皮肤角质层虽为绝缘体，但皮薄而易被击穿；人体电阻率与水和石头相当
	内部肌体	10^4（潮湿）～10^5（干燥）	$1 \sim 10$	

⑥人体电阻与安全电压

人体的电阻主要包括人体内部肌肉电阻和皮肤电阻。

人体皮肤虽然电阻率大、与猪皮等均属不易导电的绝缘体，但皮肤厚度薄，仅为0.05～0.2 mm，数十伏电压即可击穿，击穿后的肌体的电阻率就大大降低了，由此成为易导电的半导体。

已知人体能忍受的电流 I 为 36 mA，即 0.036 A，人体电阻 R 约为 1000 Ω（干燥时为 3000 Ω），利用欧姆定律即可求得人体的安全电压：$U=IR$=0.036 A×1000 Ω= 36 V，即人体能忍受的安全电压为 36 V。

潮湿时的人体电阻比干燥时的电阻要小，因此，雷电时若同时出现降水，则地表电阻率减小而更易导电，置室外雨中则极易遭雷电流袭身，此时应躲避于室内。

绝缘体如空气，在某些外界条件（如加热、加高压、强雷电等）影响下会被"击穿"而转化为导体，故在雷电时，人若在旷野处，则极易被雷击中，雷电流流经身体而出事。

（2）历次防雷工程进程

由于不同年代对于防雷的认知程度不同，因此所采用的防范技术措施各不相同，效果各异，以下分述。

①第 1 次防雷工程——最原始的屋顶环状防雷带

1955 年建站时，人员初来乍到，对于雷的厉害无感，所采用的是最原始的屋顶环状防雷带，下拉几根接地铁线。这应为最早、最简单的防雷措施。由下图右可看出，孤零零的山头上，并无任何防雷设施，5 根高耸的木杆只是架设测风板和电台天线之用，非避雷杆。

根据老同志周希明回忆，1956 年 3 月 19 日 02 时 05 分，一球形雷从测报值班室西侧玻璃窗外入室打伤摇机员，紧埃玻璃窗的外墙体的避雷针接地铁线被雷炸断。

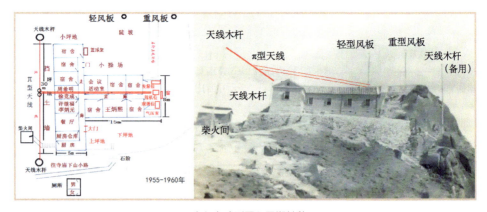

一次入室球形雷和早期站貌

②第 2 次防雷工程——安装避雷木杆

1967 年，开岩烈士遭雷击牺牲后，防雷工程得到高度重视并迅速开展。站上共布设 5 根防雷木头杆，分别由 3 条 8 号铁线（直径 4 mm）固定，捆绑于杆上的向下引线也是 8 号铁线。该次防雷工程所采用的粗大木杆系到沿海购买的渔船桅杆，有 12 m 之高。也许你会奇怪，怎不在盛产木头的大山里就地取材？殊不知，由于 1958—1960 年全国开展"大跃进"运动，掀起了"全民大炼钢铁运动"，砍树炼钢，乱砍滥伐，又山火毁林，乃至山中无合适大木头。满目的荒山，于是，才有了 1971—1972 年的飞机播种山林壮举。5 根杆的分布和对应位置如下图所示。

5 根避雷木杆分布图

③第 3 次防雷工程——埋石墨（1978 年初）

1976 年 4 月 6 日凌晨 03—04 时，雷暴重创发电机房。经事后调查发现的主要问题是避雷针接地不良：山顶均为坚硬的大石头和砂土，导电好的泥土、红土少，导致招来的强大雷电流不能及时向四周消散，只能就地炸响，真可谓"消雷不成反招雷"。为了山上人员的生命财产安全，1978 年初，山上布设了新的避雷设施（德化县政协，1991）。布设的避雷装置如下。

（a）布设均压网。在观测场地面下布设由扁钢构成的 70 cm×70 cm 均压网，网格上的小沟填埋石墨粉和"鳝泥"（当地话，一种瓷土，具有吸湿和保湿功能，以增加石墨粉的导电能力），并用扁钢连接到西南侧下方的龙池（离山顶一百多米高差）。

（b）开挖泄流坑。在 5 根避雷木杆外围分别挖一个 1 m 深、1 m 宽的泄流坑，插入 2 m 长的 5 号角铁（5 cm 宽、5 mm 厚），尽可能向下钉插，坑内依次分几批倒入石墨粉和"鳝泥"。

当年从同安购买来石墨粉，因上山路尚未建（1978 年 4 月开工，1979 年 6 月通车），石墨粉只好卸在赤水镇，再雇村民挑上山，每担工钱 1.2 元；"鳝泥"则在附近的鸡髻垵村挖取，挖前经专家测定符合低电阻要求，遂由当地村民挖挑，工钱和原料每担 4 元。下图左为挑河砂的鸡鬐垵村村民，砂子用于建造风力机基座所需的混凝土拌砂，此前也是雇这些村民挑"鳝泥"，下图右 1983 年拍摄的照片显示，当时还只是木头防雷杆。

上山挑夫和观测场

据钟光荣同志回忆：

1978 年 4 月上山建设风力发电机时，虽然雷击已发生了两年，但雷击现场没被破坏，我见到观测场东北角的避雷针木杆前方地面 20 cm 处有个像排球大小的坑；当时与福建省气象局李道忠同志住在入大门右侧的部队建的发电机房，即被炸房间，门对面即入大门左侧为一无砌石头或砖的原始山体，山体"墙壁"上有一大小 80 cm 左右的炸坑。

老李与他讲，1976 年雷击发生后，雇请德化县电力系统工程队布设避雷装置，在观测场上埋了石墨导电带（石墨属导体，耐腐蚀），西侧由扁钢条一直接到悬崖山下的龙池接地。此说明该防雷工程已于 1978 年 4 月前完工。老李还说，当时那些防雷专家，因害怕雷击而在住屋内拉铁丝制作等电位网格线圈以保护自己免遭雷击。

④第 4 次防雷工程——装铁塔（1985 年）

此前仅 12 m 高的防雷木杆，高度低，保护范围小，且接地等泄流环节不到位，受雷击的隐患大，于是于 1985 年 7—8 月进行防雷工程的升级改造，主要是布设 5 根避雷高铁塔，该工作由福建省气象局的李道忠同志负责。

5 座防雷铁塔和风机安装记录

一根是将原在观测场南端的风机铁塔改装为避雷塔。1979 年 2 月，第一台风力发电机因效果不好和基于安全考虑而只好拆除停用。

同时新安装四座避雷塔，分别在北边风力发电机旁、观测场北侧两根及厨房门口。

此外，还在观测场的四周安装避雷带，增加消雷桩以及延长消雷铁线到山下龙池等地。

避雷针塔高 25 m，都是站内人员自己当工人竖起。施工中的某日下午 17 时，雷击观测场栏杆，破碎的木梢打到施工人员的大腿，可见山上的雷击已是司空见惯。下图是施工情景。

施工情景

至此山上防雷工程品质得到大大的提升，安全得到更好的保障。

遗憾的是，由于山上土质实在太差，加上技术还是不过硬，各避雷装置的电阻依然不符合应低于 10 Ω 的要求。台站记录如右图所示。

防雷设施电阻测量记录

几次测量具体如下：

1986 年 5 月 11 日，福建省气象局李道忠同志前来测量避雷针电阻，4 个铁塔均为 28 Ω，偏大很多；

1987 年 4 月 7 日，测量 4 个避雷针铁塔电阻，均为 28.5 Ω，还是偏大很多；

1988 年 5 月 18 日，李道忠同志前来测量避雷针电阻，5 个避雷铁塔的电阻都仍在 20 Ω 以上，而车库东侧机房外的水管避雷针竟然高达 72 Ω；

1991 年防雷设施电阻测量记录

1991 年 5 月 7 日，李道忠同志与泉州市气象局技术人员检测发现观测场东侧的避雷针损坏，其余尚可；

1991 年 12 月 18 日，东侧水管避雷针的 200 m 导线电阻为 18 Ω。

各避雷设施的电阻均难达 10 Ω 以下标准，乃至入室感应雷电流得不到有效遏制，如前述的 1988 年 6 月 16 日的雷击。

⑤第 5 次防雷工程——防雷彻底改造（李栋 等，2006）

山上的避雷设施始终不能达到低于 10 Ω 的电阻要求，所存在着的安全隐患时时威胁着人员的生命和财产安全，各种设备屡遭雷毁，自动观测设备更因遭雷而迟迟未能安装，现代化进程因此受到阻滞，如 1994 年国外资助的那台意大利设备遭雷击而毁；1999 年安装Ⅱ型遥测自动站（长春产），在一年之后的 2000 年 11 月，被雷击打坏而撤到漳州。山上防雷工程的彻底改造势在必行，否则现代化进程必难前行。

2002 年前后，中国气象局拟在全国高山雷达站、高山气象站开展重大防雷保障项目建设，对此省局相当重视，组织开展针对九仙山防雷工程改造的前期论证与申报工作，力争为山上谋来防雷项目。相关工作如下。

（a）前期勘探与设计

为做好九仙山气象站防雷工程的整改工作，福建省华云科技开发公司先后于 2002 年 6 月 4 日和 2003 年 10 月对九仙山气象站进行两次全面实地勘察。勘察表明，山上的三大因素给防雷施工设计和施工带来了极大困难，也降低了防范效果。三大因素具体如下。

第一、雷猛又多向。

九仙山气象站建在海拔 1653 m 的孤立山顶上，常置雷雨云中，雷暴强度自是猛烈，而攻击方向除了有一般平原上的由上而下的直击雷即直接打到测站的雷暴外，还包括山上特有的来自周围侧面的侧击雷和由下而上的上行雷（上行系指雷电流方向），可谓危雷四伏。

第二、地质环境差。

相比而言，稻田的土壤导电率高，范围大，防雷工程好设计与施工，而山上则大为困难。

山顶为岩石和砂土构成，表面虽为电阻率低（300 Ω·cm）的土壤，但厚度薄，仅 40～50 cm；而土壤下层为高电阻率（10^4～10^7 Ω·cm）岩石，故整体上的地表电阻率实测高达 301500 Ω·cm（$3×10^5$ Ω·cm），很不易导电，雷电流不易分散。

此外，气象站所处为孤立山顶，可供接地范围狭窄，由此影响接地体的施工布设。

因此，山顶地质结构是影响防雷设计与施工的一大掣肘难题。

第三、电磁环境杂。

山因高而成为众多无线电波中转基地，现山上除了大量气象通信设施外，还有高大的移动通信塔、电视转播塔，可谓高塔林立，增加了引雷和落雷概率，可谓"筑巢引凤"惹灾祸，此为山上遭雷远比他山多很多的重要原因。

密布的天线

上述三大因素导致山上的防雷工程不能按照常规思维设计与施工，即不能按常理"出牌"。在认真调查地形、地质、土壤电阻率、环境、风向等条件和雷电活动规律的基础上，福建省华云科技开发公司创新性地完成了九仙山气象站防雷工程整改方案的初步设计。设计方案主要考虑解决以下问题。

一是雷电流的快速分流。能尽快将雷电流分散引向远处，即将雷电流向外散流泻放，使雷电流不能集中于建筑物范围而置危险之外。

二是雷电流的有效防堵。能堵住雷电流和感应电流入侵室内外电源系统、家电和网络等弱电系统以及观测场观测设备的电源和电缆线。为此，对山上的地表结构等环境状况和工作仪器设施等作充分的认识至关重要。

三是避免跨步电压危害。观测场的均压网设计，使得观测场各处的电压趋同，从而减小人体在观测场可能遭受到的跨步电压，避免跨步电压危害，同时均压网又有地网那种因增加电阻面积而降低整体电阻的特性，由此增加导电泄流能力。

（b）方案论证

2003 年，福建省气象局纪检组长陈彪同志利用在中国气象局（简称国家局）挂职之机，强力推介九仙山防雷工作的必要性；2003 年 12 月 5 日，陈彪组长陪同国家局监测网络司潘正林司长上山调研防雷工程整改（下图），事情朝有利的方向发展。

2004 年 4 月 24 日，福建省气象局在九仙山气象站现场主持召开了九仙山气象站防雷工程整改方案专家论证会。论证会专家组由中国气象局监测网络司，北京市气象

领导上山调研

局，上海市气象局，福建省气象局，厦门市气象局，广州市气象局，福建省防雷中心和莆田、龙岩、泉州市防雷中心等单位的 11 名专家组成。专家组同意九仙山气象站防雷工程整改方案通过设计论证。

开会前夕的 23 日夜，参会专家先行住在德化县城。当晚 22 时，山上遭雷，在县城陪专家的玉仙站长让山上人不要清理现场，留待次日专家上山勘查。

观测记录显示，23 日 22 时前后，在测站的西北和东南方向同时出现雷暴，因浓雾而无记录天顶雷暴，但此种情况下，头顶出现雷暴的概率较大，抑或是侧击雷。按气象观测的时间规定 23 日 20 时后即为次日即 24 日，故 23 日夜的雷暴被记录于 24 日的观测。22 时左右，雷暴由西北向过顶移向东南方向（下图）。

雷暴过程记录

2004 年 11 月中旬，中国气象局投资 50 万元的防雷工程改造正式动工，施工单位为福建省华云科技开发公司。施工队克服山上冬季冰冻等恶劣天气的影响，经过半年多的努力，2005 年 5 月终于完工。施工情景见下页图。

下图中 1 在观测场外围墙，安装由 11 根水平向外的避雷针所组成的避雷杆网，以防堵侧击雷和来自山下的上行雷，此为山上防雷技术的创新点，后向全国推广。

施工情景

上图中 2 是拆除原有低矮风机铁塔并重新安装 25 m 高度的避雷铁塔，以提高雷电流的分流能力和保护范围。

上图中 3 是在各避雷铁塔附近布设地网（均压网），增加接地电阻面积，以降低接地电阻 R 值，提高雷电流的分流速度（接地电阻 R 与接地体材料的电阻率 ρ 成正比、与接地体面积成反比，$R \propto \rho/S^{1/2}$）和减小跨步电压。

由于气象站建造在孤零零的山头，可作为接地网的空间实在狭小，只能利用一切空间来进行设计施工，以加大地网与大地的相连面积，降低接地电阻，增大雷电流消散到大地的速度。此体现了设计的缜密和克服施工困难的强大意志力。

上图中 4 是室内地面和墙体安装屏蔽网。

此外，在避雷铁塔下铺设石头和沥青等绝缘材料，以阻止雷电流反击到观测场。

由于防雷工程的成功改造，接地电阻终于降到 10 Ω 以下，安全防护大大提升。在 2005 年 5 月完工之后，随即顺利安装 CAWS600 型气象自动站，经过半年的考验，2006 年元旦，自动站终于在山上"安营扎寨"，并投入业务应用，与人工并行观测，人工观测就此逐渐成为历史，自此迈上现代化新途。

2008 年，站长林玉仙高兴地向前来采访的德化县电视台记者介绍了该防雷工程及

站长接受记者采访

效果——既保护了人员的生命安全，也促进了现代化设备的安家落户。

当然，防雷工程并非一劳永逸、天下太平之防空网，强雷还是可以冲破层层堡垒，特别是从一些薄弱环节入侵，一些设备还是会受到强电流冲击而毁，只是其力道式微，受伤的大多是弱电系统，如 2007 年 6 月 22 日的雷暴（下图）。

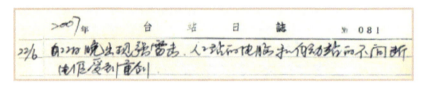

雷暴危害记录

总之，与风雨雾一起，暴雷还将一生相伴。

重入风雨　再闯新峰

天生一个仙人洞，无限风光在险峰。

高山，是云的故乡，它以风霜雨雪、万钧雷霆磨难生灵万物，却也以美妙风光馈赠广大人民——那喷薄的红日、绚丽的彩霞、梦幻的宝光、圣洁的淞花以及奔腾的云海，尽展大自然那无限的美好。

位于低层水汽主要输送带高度的九仙山，云雾总是在测站上下沉浮，近在咫尺的云雾为开展云物理特征研究、雨淞、雾淞及云海和宝光等气象景观旅游资源开发研究、雷暴内部结构和人工增雨等方面的研究提供了难得的环境条件。九仙山，这片神奇的土地为高山气象人发挥聪明才智提供了难得的大舞台。

在从取消所有航危报编发任务的 2015 年 1 月起，山上就不再需要进行人工观测了，气象站的主要工作已简化为设备维修与保障。高山气象人清醒地认识到，仅满足于现有工作是远远不够的，新时代的"高山精神"唯有不断创新、注入新涵，才能焕发不朽的生命力。既然老天提供了这么好的大舞台，那么，重新走进风雨里，勇于拓展科研与科普研学工作，才能让前行的脚步永不停留。

如今，崇尚科研已在山上蔚然成风。不怕吃苦、勇于进取的"高山精神"不但没有褪色，反而得到了更好的传承。以下是开展的主要科研工作。

（一）高山气象景观研究

气象站人员积极参加泉州市气象局的"泉州市山岳气象景观技术研究（云物理机理研究方向）"创新团队，经过过去 3 年多的努力，现已初步建立了较为完善的气象景观研究实验基地，所做工作处于国内领先水平。开展的主要工作有以下几方面。

（1）建立基于摄像头的云海、日出、雨淞、雾淞气象景观自动观测体系

2021 年，根据云海、日出、雨淞、雾淞的出现规律，选择合理的观测位置，科学布设摄像头、光度仪等观测设备。高高的大楼上，站长陈为德同志攀上四周空荡荡的

墙顶，安装监控气象景观的摄像头（下图右），体现领导的担当和榜样。

下图左为副站长杨庆波同志带领大家安装光照计。

安装景观观测设备

（2）成功研发宝光自动追踪识别系统

根据"太阳光线－人眼或摄像头视线－宝光（云层区）"三点呈一线的宝光成像与观赏原理，设计了摄像头与太阳同步转动与拍摄、AI（人工智能）图像自动识别宝光的技术（下图）。

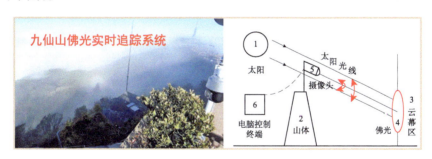

佛光追踪系统

该系统于2022年1月业务化运行，2022年观测到的宝光年总日数为103 d（下图），

2022年1月19日—2023年1月18日观测结果

月份	1月19日—	2月	3月	4月	5月	6月	7月	8月	9月	10月	11月	12月	一1月18日	合计
天数/d	9	8	5	4	2	10	7	10	8	12	9	11	8	103

九仙山、峨眉山、泰山佛光次数统计

远超宝光圣地峨眉山的 72 d，这显示了九仙山乃至福建省具有丰富的宝光旅游资源，对于促进福建省高山气象景观旅游的开展提供了科学依据。

2023 年 3 月 13 日，《中国气象报》针对这一科研成果做了如下报道。

《中国气象报》的相关报道

该成果现正申报国家发明专利，发表的关于佛光的学术论文有：

①《福建九仙山一次佛光的云滴粒子尺度分析》发表于《海峡科学》，2021 年第 12 期；

②《宝光自动观测技术的设计与应用》发表于核心期刊《高原山地气象研究》，2023 年 9 月第 3 期。

（3）建立各类气象景观观测图像库

气象景观图

（4）初步总结九仙山各种气象景观资源状况

九仙山气象站各气象景观日数统计

单位：d

月份	宝光	云海	雨凇	雾凇	日出	日落	迷雾
1	17	8.7	3.3	7	15	12.3	20
2	8	5.8	3.2	3.6	11	6.3	19
3	5	4.3	5	1.5	7.3	6.7	24
4	4	3.7	3	3	9.3	9.7	24
5	2	3.6	—	—	3.7	5.7	23
6	10	2.4	—	—	2.3	2.7	25
7	7	1.5	—	—	12.7	11.3	25
8	10	2.8	—	—	9.7	3.7	26
9	8	3.1	—	—	15.3	10.7	23
10	12	3.4	—	—	9.3	7.3	22
11	9	5.7	1	2.1	9	7.7	19
12	11	7.1	1.1	2.3	11	8.7	18
合计	103	52.1	16.6	19.5	115.7	92.7	268

备注：宝光1月的统计时间2022年1月19日（开始观测）—1月31日+2023年1月18日；日出等统计时间：2020—2022年。

根据九仙山各种气象景观资源状况，并结合福建省的气候、地理条件等进行综合

分析，论证了福建省具有优越的气象景观旅游资源条件，由此圆满完成福建省科学技术协会课题项目"福建省山岳型优质气象景观旅游资源评估及助力'生态福建'旅游战略性发展研究"（2022年6月）。

（5）创新了有效的云物理研究方法

九仙山气象站常年为飘浮不定的云雾所覆盖，此为研究云雾提供了极佳的地理环境条件。对于云的研究，主要是应了解云中各种尺度大小的云滴分布、云层的上下移动状况及生消变化，这就需要设计一定的观测技术方法来实现。研究团队开展了如下有效的工作。

①成功改造移动式云雾激光粒度仪

"他山之石，可以攻玉"。研究团队发现，工业用途的PW180-C激光粒度仪既然可以通过利用激光技术测量化妆品、工厂车间等行业各种物质微粒的大小和浓度，那就不应将云雾滴的测量排斥在外。经过改进，现已能成功将其应用于云雾滴的测量。该仪器的测量范围广（0.1～1000 μm），价格低廉（8.5万元），仅为气象测云仪器的十分之一，且具可车载到处观测的优点，较好地满足了对于漂浮不定云层的实时追踪观测要求。该设备为开展宝光等景观研究以及人工增雨效果评估等提供了较好的云物理分析基础。一有云雾，可及时搬运仪器，追逐云雾测量云滴大小与浓度。下图左为赖建梁和石金伟两位同志在雾中测量云滴大小，下图右为野外观测。

云雾参数测量

②开展云层升降研究

通过分析每天的气象景观图像，发现了空中的云层并不是所想象的那么厚，厚度往往仅有几十米，空中云常在测站上下沉浮，于是设计了一种"逮住"升降云雾的好方法——每隔20 m高差安装一个温湿仪，利用温度和湿度的不同，可以很好地判断云的上下移动速度、生消等状况，其原理也实在简单：有云时，湿度自然高。此也是深居高山的研究优势。

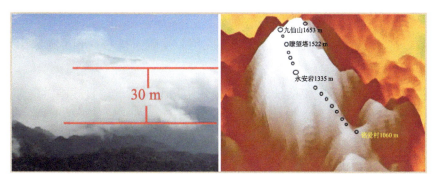

云层变化研究设计

在陡峭密林中布设温湿仪，实现每分钟实时监测云层移动变化情况。

设备布设情况

（6）开展人造云和人造宝光研究

山上宝光虽然多，但并非天天时时有，为满足游客"即来即见"宝光的观赏服务需求，研究团队开展人造云和人造宝光研究。现已设计了可调控云滴大小的高压造雾机，安装了喷雾架，成功实现人造云雾，在此基础上，着手开展人造宝光研究：利用云雾激光粒度仪实时测量所造云滴大小，直至满足形成佛光的云滴大小要求。

人造云设计

（7）研究成果与成效汇总

①论文《福建九仙山一次佛光的云滴粒子尺度分析》发表于《海峡科学》，2021年第12期。

②论文《宝光自动观测技术的设计与应用》发表于核心期刊《高原山地气象研究》，2023年9月第3期。

③完成福建省科协课题项目一项"福建省山岳型优质气象景观旅游资源评估及助力'生态福建'旅游战略性发展研究"（2022年6月）。

④"一种基于摄像头的宝光实时AI自动监测识别方法"已获国家知识产权局发明专利申请受理，现为实质审查阶段。该专利技术可填补国内外对于佛光实时观测上的空白。

⑤取得两项软件著作权。

⑥ "九仙山云海"被评为全国天气气候景观观赏地。

综上所取得的学术研究成果表明，九仙山气象景观的研究在国内外处于领先水平，也充分体现了九仙山气象站的科研环境优势以及山上人的努力。

（二）研发风速仪防冻技术

针对高山雨雾、低温时风速仪会被冰冻而影响观测问题，赖辉煌同志潜心研究风杯解冻技术，并在冰冻环境条件下无数次爬上 10 m 高铁塔进行调试，最终发明了防冻结装置，该技术获得国家实用新型专利，并获 2020 年福建省总工会"五小创新"二等奖。

研究成果

研发情景。

雾中爬杆

研发情景

（三）建科学实验基地

九仙山虽具绝佳的雷暴、气象景观、人工增雨等方面的云物理研究条件，但若未被知，则也只能"待字闺中"、无人问津，因此，热心"媒人"的积极推介至关重要。2017年12月14—15日，福建省气象局冯玲副局长带领中国气象局中国气象科学研究院张义军教授一行21人在德化县城梅园召开"九仙山自然雷电观测试验基地"启动会并上山挂牌（下图左），从此，九仙山的科研功能大幕徐徐开启。

2018年11月1日，福建省气象局副局长邓志一行18人到站揭牌"中国气象局雷电野外科学试验基地——九仙山自然闪电观测试验站"，正式开展针对自然闪电的野外观测（下图右），此牌为国家局级别。

雷电研究基地揭牌

　　随着 2017 年山上被列为中国气象局和福建省气象局雷电研究基地以来，实现了对于雷电强度的自动监测和雷电实景的自动拍摄，很好地再现了雷暴的强悍威力。下图为闪电监测系统拍下的 2019 年 8 月 31 日 11:04 观测场附近上空的闪电：

2019年8月31日11时04分

风杯

太阳能板

闪电监测实景

　　2022 年被列为福建省灾害天气重点实验室九仙山基地，开展暴雨灾害性天气机理等方向的研究。

研究基地牌匾

（四）人工增雨实验基地建设与研究

福建省雨量充沛，但年内各季节变化大，常出现春旱、夏旱或秋冬连旱，人工增雨为解旱好办法。发射火箭增雨弹为常规作业方式，其需驾炮车野外追踪操作，机会常常稍纵即逝，且还有其他弊端。为此，福建省开展了利用烟炉点燃催化剂以作为水汽凝结核的人工增雨技术，由此达到增雨目的（下图左）。

人工增雨烟炉和研学学生

九仙山为多雾区，山上研究团队利用前述所研发的雾滴谱仪器，通过测量点燃烟条催化剂前后雾滴的大小变化，积极开展催化增雨效果的研究。

（五）建中小学科普研学基地

气象观测仪器工作原理、雨雾雷等天气现象的形成原理等科学知识可以在山上得到切身的体悟，因此，九仙山气象站被列为德化县中小学科普研学基地。现每周三固定有 800 名学生前来研学（上图右）。

（六）与高校研学合作

　　九仙山的独特气候为形成各种气象景观提供了有利条件，因此九仙山气象站成为研究与规划气象景观旅游资源的理想之地。为推进产、学、研合作和更好地为社会经济服务，2020年8月，泉州市气象局与华侨大学旅游学院联合成立的"气象与旅游研究中心"落户九仙山气象站。以此为契机，九仙山气象站积极参与相关工作，不断提升科研素养，增强本站在科研功能服务方面的二次创业发展能力。

局校研学合作

七

松海为邻 "尺五天" 高

　　20世纪50年代末，毁林、"大炼钢铁"及无节制的滥砍滥伐，导致了戴云山几成荒山，于是，20世纪70年代初，德化县开展了一场声势浩大的飞机播种树林的壮举。戴云松是本地原生性物种，自然被选用，而此后的高生存率也证明了决策者的睿智和科学眼光。

　　物竞天择，适者生存。在九仙山，随着海拔高度的上升，高大的杉树和翠竹逐渐过渡为单一的低矮的戴云松（即黄山松）。在山顶附近，气温低、风速大，如果没有较好的保温与抗风能力，则只能为寒风所腰斩。

（一）戴云山松树状况

　　满山的戴云松具有极强抗寒风能力而得以在恶境下生存，此与其针状叶密不可分。针状叶的叶面小而散热差，耐寒能力极强；"树大招风"，为了适应山顶的常年大风，戴云松只能自我矮化以求自保，而针状叶也减少了受风面积，因此，即使在高海拔的九仙山顶，戴云松也能处处可见，并呈现如下分布特征——海拔越高，树木越矮。"见老不见高"的山上戴云松，留下的是岁月催老、只留沧桑的深深印迹。

　　植物界以"门纲目科亚科属"进行分类（见下页表），戴云山的松树品种主要有戴云松、五针松、马尾松，它们均属于裸子植物门，其中戴云松和马尾松均为双维管束松亚属，五针松则为单维管束松亚属。戴云松以"侧枝平直、伸展如臂"而具极高的观赏性（左图）。

侧枝平直松图

戴云山三种主要松树特征表

树名	纲	目	科	属	亚属	种	特征	产地
戴云松	松杉	松杉	松	松	双维管束	戴云松	叶粗短，一束2叶，侧枝平直而具特色	中国台湾和戴云山
五针松	松柏	松柏	松	松	单维管束	五针松	叶最短，一束5叶	日本
马尾松	松柏	松柏	松	松	双维管束	马尾松	叶长而下垂，一束2~3针	中国广东和广西

戴云松并不嫌弃土壤的贫瘠，种子育苗或用枝条扦插均可成活。如今松林成海，据统计，戴云山脉的戴云松面积6400 hm²，96000亩*，约占全世界的16%，若以5 m间距推算，每亩可有25棵，则整个戴云山脉的戴云松可有240万棵。如此庞大的数量，绝非人工插扦所能办到的。

据当地林业专家介绍，戴云松是戴云山脉的原生性物种，为本地物种。戴云松其实也称黄山松。在远古时期，黄山松、台湾松、九仙松、戴云松均属同种松树，只不过是因在各地生长而以当地地名取名（原生之意）罢了。第一个以学名命名的是在中国台湾，故统一的学名是台湾松，而各地以本地地名命名也无可厚非。

（二）戴云松飞播壮举

《德化县林业志》（德化县林业局，2016）对于此次飞机播种记载，主要内容如下。

1971年9月1日，德化县成立飞机播种造林指挥部，县委副书记施海滨任总指挥，县革命委员会副主任黄川、人民武装部部长吴俊煌任副总指挥，下设办公室，有关公社、大队成立相应机构。9月3日，县革命委员会、人民武装部联合发出《飞机播种造林具体实施意见》，部署飞机播种的任务、规划、林地处理、种子采集、航标员培训、种籽运送、治安保卫，以及播种后的管理等。同时，编写《飞机播种宣传提纲》，出动宣传车到雷峰、盖德、赤水、佛岭（即现在的国宝镇）、上涌等主要播种区宣传飞机播种的内容和知识。

9月上旬，上涌公社组织社员上山勘查播种地段。20日，县飞机播种造林指挥部在赤水公社召开炼山工作会议，参加对象为省、县有关机播勘察技术人员。会议经仔细研究后慎重确定"炼山可炼可不炼的，不炼；开劈防火路，可开可不开的，要开！"的原则（备注：炼山即烧掉蕨类植物等杂草丛生的山地，以让飞播撒下的种子能落地

---

* 1亩 =1/15 hm²。

接触泥土；增加土壤肥力）。

10月上旬，上涌公社发动民兵1300多人，在戴云山及其周围山峰开劈防火带30多公里，炼山1万多亩。

10月，县林业部门抽调林业技术干部22人、民兵38人，组成7个航标组，在福建省播种造林设计队的专家指导下进行航标测量，于12月底完成戴云山主峰及周围440个桩号的测量设置任务。

12月20—21日，县举办飞机播种造林引航培训班，培训人员77人，其中省、晋江专署、县下放干部和林业干部11人、各播种区选派的航标员66人。

12月底，福州军区空军某部飞行员到实地观察地形（备注：勘查航路、"剃光头"的飞行员某日中午在九仙山气象站吃饭，良成同志煮的饭）。

通信兵部队下派人员到各航标点架设电台；邮电部门维修线路、安装电话。

卫生部门抽调7名医务人员带药箱跟随航标人员上山。

九仙山气象站除做好天气观测与预报外，还专门抽调人员随航标组流动测报。

运输部门专门组织车辆运送人员和种子。

飞播区

飞播期间，全县开辟防火路71 km、炼山45900亩，测量设置桩号2145个；发动组织民兵 3000 多人，参与航标测设、引航和福州机场后勤人员等 90 多人；播种量 82460 kg（82 t），播种面积 52.31 万亩，其中上涌 14 万亩、赤水 13.4 万亩、大铭 4.9 万亩、溪洋 4.8 万亩、美湖 4.2 万亩、雷峰 4 万亩、汤头 3.5 万亩、盖德 1.8 万亩、佛岭 0.8 万亩，每亩抛洒松种平均约 0.157 kg。据 1984 年林业部门普查，成林面积 21 万亩（备注：成林率 40%）。

首航是 1972 年 1 月 15 日下午 14 时，飞机按照设计的播种地区和航标路线，在距离地面 30~50 m 的高度飞行，把种子洒向地面，看到盘旋的飞机时，山上山下的人们无不欢呼雀跃。05 时左右，飞机开始返航。3 月 1 日下午 15 时，完成飞机播种任务的最后一架飞机安全返航（前后共历时 46 天，从下表可以看出，此段时间内的白天，共有 16 天是不能作业的雾天，因此实际能作业的天数为 30 天）。期间共出动飞机 92 架次，航行 203 小时 57 分（即每天出动 3 次架飞机，每架次平均约 2.5 小时）。

九仙山气象站飞播期间（1972 年 1 月 14 日—2 月 29 日）能见度等级表

日期	08 时	14 时	日期	08 时	14 时	日期	08 时	14 时
（1月）14	1	8	30	9	9	15	1	1
15	8	8	31	1	1	16	8	8
16	8	8	（2月）1	9	8	17	1	8
17	8	8	2	7	1	18	1	8
18	8	8	3	1	8	19	1	8
19	8	8	4	1	1	20	1	1
20	8	8	5	3	1	21	1	1
21	8	8	6	1	1	22	1	1
22	8	8	7	1	1	23	8	1
23	1	1	8	3	1	24	8	8
24	1	1	9	3	8	25	1	1
25	1	8	10	8	8	26	7	1
26	1	2	11	9	9	27	1	1
27	8	8	12	8	8	28	8	8
28	2	8	13	8	8	29	8	8
29	9	9	14	1	1	备注：1~4 代表雾，其余为非雾		

（三）气象助力飞播

在此次飞播过程中，九仙山气象人以高超的专业能力，出色地完成了气象保障服务工作。主要如下。

戴云山脉崇山峻岭，山体高度不一，山中多云雾，风向风速多变，乃至云层飘浮不定。

飞播要求飞机需在距离地面30～50 m的高度超低空飞行，以免所撒种子被风吹走，如此一来，飞机撞山的危险性高。因此飞播区的云蔽山天气现象的观测和预报是飞机作业的前提条件。为了做好飞播气象服务，测报值班增加一项云蔽山天气现象观测任务。按规定，云蔽山危险天气解除后，飞机才可以从福州起飞。

德化县飞机播种造林指挥部特建气象保障服务组，组长为陈庆忠站长，成员从九仙山气象站抽调陈锦民和邓纪坂两位同志，从德化县气象站（现为德化县气象局）抽调庄栋生1人（此后不久任九仙山站长），其中，邓纪坂同志坐镇九仙山气象站，庄栋生、陈锦民两位同志分别在戴云山和美湖乡流动点观测。观测项目为云层高度、风向风速。风向的重要在于其会左右云层的移动方向和影响飞机的飞行稳定性。

据老同志庄栋生回忆：其负责在戴云山主峰不同方位观测，一次连续几天直至某个方位山峰完成飞播，这几天需独自一人住在由山下农民盖的草寮里，大清早得起来观测，好让预报组做预报飞行决策，所以晚上只能睡在草寮里；农民送来的三餐冰凉，只能将就咽下，因只是几天，还是能挺得住；通过部队架的电话线汇报观测情况。

这段服务当地经济建设的生动事例，堪称站史的光辉一页。

（四）松树之魅

松树具有十分顽强的生命力。

此次飞播，总播种种子量82460 kg（82 t），1 kg种子约2万粒，则共有16.5亿粒，播种面积52.31万亩，每亩播松种约0.157 kg，则每亩3152粒。

按上述估算的整个戴云山脉的戴云松240万棵计，则成材率只有1.45‰，可见种子的流失大，如被鸟吃掉，无落地枯死，被水冲走，冻死等。

树之成长不易，真可谓"十年树木，百年树人"。培育一棵树木成才至少需要10年的时间，经过了50多年的时光，如今存活下来的这些茂盛的戴云松，让我们看到了生命力的顽强。

戴云松还具有较高的经济用途。其材质好、强度大、耐腐朽、纹理直，具有刚柔互相济、负重而不折、挺直不变形、坚韧富弹性的特点，可作建筑、桥梁、矿柱、枕木、电杆、车辆、农具、造纸和人造纤维等用材。

景区内的松树介绍

此外，戴云松以雄伟苍劲、高大长寿而具观赏价值。松树是我们心目中的吉祥树，也是常青不老的象征，文艺中常以松树代表坚贞不屈的英雄气概、高远的志向、勇敢、坚贞高洁等艺术形象。

孔子在《论语》赞曰："岁寒然后知松柏之后凋也"。其意乃到了天气寒冷的时候，才知道原来松柏是最后凋零的。

在观测场南端外，原有一方石崖摹刻，书"尺五天"三字，即意离天很近之意。在高山之巅、"尺五天"之地，一代代高山气象人守望高山，与松相伴，共对凄风苦雨，凌寒而不凋，二者堪相媲美也。

八

结束语

金山银山，不如绿水青山。高山深藏着美妙的风景财富，需要人们不断地努力揭示其神秘面纱。如今，九仙山气象站已率先在福建省建立了气象景观的观测和研究体系，取得了较好的成果，但这还远远不够。

"一花独放不是春，百花齐放春满园"。福建山多水美，山岳气象景观旅游资源十分丰富，具有较好的旅游价值，但目前尚只是一片待开发的处女地。九仙山只是福建省 1829 座千米以上高山的一份子，希望我们的努力，可以为"清新福建"注入新活力。

九

荣 誉

1955 年建站至今，在九仙山气象站工作的人员多达 100 多人，其中驻守时间最长的是曾再兴、颜进德两位同志，驻守 41 年，老同志林玉仙和林良成先后两次驻守高山站，分别长达 36 年和 35 年。在大家的共同努力和各级政府部门的关系下，自 1986 年以来（此前的荣誉证书丢失），单位集体先后获得各级表彰荣誉共 46 次：国家级 11 次、省级 16 次、市级 8 次、县级 11 次，个人方面有林玉仙同志获得 2 次国家级奖章和 1 次省级奖章，还有其他同志也获得各种个人奖项。艰苦的环境，优异的成绩，彰显高山奉献精神之硕果。

（一）集体荣誉

1. 1986 年以来的荣誉

由于档案保存问题，致使 1986 年之前的荣誉证书丢失，仅存 1986 年以来的荣誉。

1986 年以来的荣誉表

序号	时间（年.月）	荣誉名称	授奖单位
1	1986.12	泉州市文明单位	泉州市委市政府
2	1987.4	福建省文明单位	福建省委、省政府
3	1987	德化县先进基层工会	德化县总工会
4	1988	1987—1988 年度全省气象系统先进集体	福建省气象局
5	1988	德化县先进党支部	德化县委
6	1989.4	全国气象部门"双文明"建设先进集体标兵	国家气象局
7	1991	德化县先进党支部	德化县委
8	1991.2	德化县 1990 年度先进集体	德化县委、县政府
9	1996.6	完成军事气象保障任务成绩突出先进集体	福建省气象局

续表

序号	时间（年.月）	荣誉名称	授奖单位
10	1997.3	泉州市气象部门 1995—1996 年度先进集体	泉州市气象局
11	1998	福建省前汛期重大天气预报服务先进集体	福建省气象局
12	1999	二型地面遥测气象站建设先进集体	福建省气象局
13	2000.1	泉州市文明单位	泉州市委市政府
14	2000.4	泉州市十佳职业道德先进集体	市委宣传部 / 文明委 / 总工会等
15	2000	全国气象部门双文明建设先进集体标兵	中国气象局
16	2000.12	全国气象部门先进集体	中华人民共和国人事部 / 中国气象局
17	2001.2	福建省气象部门 1999—2000 年度先进集体	福建省气象局
18	2001.7	福建省十佳职业道德先进集体 / 福建省"五一劳动奖状"	福建省总工会
19	2001.7	德化县先进基层党组织	德化县委
20	2002	典型示范单位	德化县委直属机关工作委员会
21	2002.8	泉州市文明单位	泉州市委
22	2003	党建工作先进单位	中共德化县委
23	2003.2	2001—2002 年度福建省气象部门"红旗单位"	福建省气象局
24	2003.6	泉州市先进基层党组织	泉州市委
25	2003.8	福建省第八届文明单位	福建省委、省政府
26	2005.2	福建省气象部门"红旗单位"	福建省气象局
27	2005.3	德化县党建工作先进单位	德化县委
28	2005.1	全国文明单位	中央文明委
29	2006.6	福建省先进基层党组织	福建省委
30	2006.2	2005 年度工会工作竞赛优胜单位	德化县总工会
31	2007.1	福建省气象部门"红旗单位"	福建省气象局
32	2007	全市气象工作达标单位	泉州市气象局
33	2008	德化县县直机关党建工作示范点	德化县委党建工作领导小组
34	2009.1	第二届全国文明单位	中央精神文明建设指导委员会

序号	时间 （年.月）	荣誉名称	授奖单位
35	2010	福建省气象部门廉政文化示范单位	福建省气象局
36	2011.12	第三批全国文明单位	中央精神文明建设指导委员会
37	2011.7	德化县先进基层党组织	德化县委
38	2011	红十字人道荣誉奖	福建省红十字会
39	2012.4	全国五一劳动奖状	中华全国总工会
40	2014	全省先进基层党组织	中共福建省委
41	2014	先进职工之家	泉州市总工会
42	2015	第四届全国文明单位	中央精神文明建设指导委员会
43	2017	第五届全国文明单位	中央精神文明建设指导委员会
44	2020	第六届全国文明单位	中央精神文明建设指导委员会
45	2020	福建省模范职工之家	福建省总工会
46	2022	全国气象部门先进集体	人力资源社会保障部、中国气象局

2. 部分荣誉牌匾

1987年荣获福建省文明单位；1989年九仙山气象站荣获全国气象部门双文明建设先进集体标兵，1989年4月12日周振樟站长赴北京出席授奖大会。

荣誉一

2000 年 4 月德化县委县政府做出"关于向九仙山气象站先进集体学习"的决定。

荣誉二

2000 年 12 月，被中华人民共和国人事部、中国气象局授予"全国气象部门先进集体"；2001 年 7 月被福建省总工会授予福建省"五一劳动奖状"。

荣誉三

2005 年、2009 年、2011 年、2015 年、2017 年、2020 年连续六次获全国文明单位；2012 年 4 月，获"全国五一劳动奖状"。

荣誉四

（二）个人荣誉

1. 业绩表彰

（1）邓纪坂

1962年12月23日—1973年4月在山上工作，获1963年度福建省气象局"五好干部"，1964年获德化县委县政府颁发的县先进工作者。

个人荣誉

（2）庄栋生

1978年获全国气象部门"双学"代表，10月20日，国家领导人会见全国气象部门"双学"代表会议全体代表并合影。

（3）林玉仙同志

1985年，荣获全国"边陲优秀儿女"称号（该活动由边疆杂志社发起，包括高山海岛）。6月，赴北京参加挂章大会，全国气象部门共70多人获此殊荣，其中，2人获金质奖章，下图为国家气象局领导与获得奖章的气象工作者合影，前排左起四是当年为参加对越反击战服务的广西东兴气象站人员，左起五是青海五道梁气象站人员，这两位是金质奖章获得者，左起八是新疆海拔高度3000多米的七角井气象站人员，获先进集体。林玉仙同志获铜质奖章（下页下图箭头所示）。

2006年1月，林玉仙同志被国家人事部和中国气象局评为"全国气象先进工作者"；同年获福建省先进工作者和福建省五一劳动奖章，享受劳动模范待遇。

国家气象局领导和获得边陲优秀儿女奖章的气象工作者合影 1985.6.18

1985年全国"边陲优秀儿女"合影

林玉仙同志荣誉

还有许多荣誉，篇幅所限，恕未能一一列出。

2. 业务表彰

恶境磨心智，爱岗能自高。山上人别无他求，一门心思搞业务，技术能力一直维持相当高的水准，自 1978 年全国开展气象测报劳动竞赛以来，曾先后有十几位同志获"百班无错情"和"250 班无错情"等业务表彰。以下是部分人的荣誉。

林玉仙同志的荣誉：

林良成的荣誉：

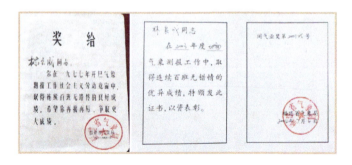

陈孝腔的荣誉：

（三）先进典型　时代楷模

2000年2月25日，江泽民同志提出了党的"三个代表"重要思想：中国共产党始终代表中国先进生产力的发展要求、代表中国先进文化的前进方向、代表中国最广大人民的根本利益。"三个代表"是我们党的立党之本、执政之基、力量之源。中共十六大（2002年11月8—14日）将"三个代表"重要思想作为党的指导思想写入党章。由于工作出色，九仙山气象站获得泉州市"实践三个代表"和全国"保持共产党员先进性教育活动"先进典型，并作为报告团成员赴外巡讲。

1. 泉州市"实践三个代表"先进典型

2000年12月，林玉仙站长作为泉州市"实践三个代表"先进事迹报告团成员赴泉州各地宣讲，展现九仙山气象站党员在工作中的担当（下图左）。

先进典型宣讲团成员

2. 先进性教育活动典型

2004 年初，本书作者接受单位撰写九仙山气象站材料的任务，以参加当年 6 月在陕西韩城召开的全国气象部门基层台站思想政治工作研讨会（上图右）。2 月 23 日，本书作者趁在德化县召开泉州市气象局长会议之机，连夜上山，体验山上环境生活，与站内人员深入交流，最终写就《身处逆境不自弃，九仙山上党旗红》一文。文中刻画了山上人的点点滴滴，而长着一副"苦瓜脸"的汇报人林玉仙同志，那情真意切的话语，令参会者如临其境而动容。

2005 年 1 月保持共产党员先进性教育活动在全国如火如荼地开展。2 月，中国气象局从参加韩城研讨会的基层单位中选出三家单位赴京做报告，临会时，中国气象局文明办改变主意，只邀请九仙山气象站一家，好让大家能淋漓尽致地感受山上的一切艰难困苦，提高先进性教育的学习成效。2 月 25 日，站长林玉仙同志应邀到中国气象局做保持共产党员先进性教育活动先进事迹报告。

在中国气象局做报告

报告引起了强烈的社会反响，中央电视台、福建电视台、泉州电视台、《人民日报》《工人日报》《福建日报》《中国气象报》等电视台和报刊均报道了九仙山气象站的事迹。因事迹朴素感人，于是成立了两支报告团。

两支报告团记录

一队由站长林玉仙同志带队奔赴全国各地气象部门，主要有北京、上海、广东、广西、江西、福建、厦门等气象局。2005 年 3 月 9 日，本人有幸以作者的身份参加在广西百色气象局的宣讲，深切感受到大家的学习热忱。

林玉仙同志在广西做报告

2005 年 3 月 3 日、3 月 28 日、10 月 18 日，分别到广东省气象局、江西省气象局和上海市气象局宣讲。

林玉仙同志在广东和江西做报告

泉州市直机关党工委对于此气象宣讲团予以报道。

林玉仙同志在上海做报告及相关报道

而支部书记连明发同志参加的地方宣讲团，先后到泉州市、南安市、德化县及部

分乡镇和泉州军分区、泉州高炮团、泉州师范学院等部门或单位做报告，同样感人肺腑。

连明发同志在泉州市做报告

有幸亲临这场难忘的"保先"活动，本人于 2006 年 3 月 12 日撰文记录其中感受。

播撒春天的种子

——福建省泉州市九仙山气象站"保先"巡回报告散记

在中国气象局专题汇报取得圆满成功和《中国气象报》专版报道后，九仙山气象站共产党员典型先进事迹在全国气象部门中引起了极大反响。在被选为中国气象局"保先"代表的同时，九仙山气象站也被选为地方政府的先进典型。为了表达对全国气象工作者和当地人民的厚爱，九仙山气象站除了安排好足够的人员加强值班外，相继成立了气象部门、地方政府两支报告团，不远千里奔赴各地巡回报告，把宝贵的精神财富奉献给社会。

从 2005 年 2 月 25 日至 3 月 10 日，"气象组报告团"先后在中国气象局、北京市气象局、福建省气象局、广东省气象局、江西省气象局、广西壮族自治区气象局、百色市气象局和厦门市气象局连续做了 8 场专题报告，一桩桩感人肺腑的事例深深打动了听众的心，每一个人都经受了一次心灵的洗礼。

在福州，福建省气象局党员干部深为省内涌现出来的先进典型所鼓舞，认为身边的先进人物看得见、可学性强；在广州，广东省气象局特意为九仙山林站长安排了一场文艺表演，与此前专业文艺团体上山慰问演出相媲美；在南宁，广西壮族自治区气象局录下报告会全程，并刻录成 VCD，分发到全区各级气象台站，号召全区每个气象工作者学先进、赶先进，扎扎实实地把共产党员"保先"活动推向高潮；广西百色市气象局得知报告团的行踪后，盛情挽留报告团临时增加一场报告，并号召全市每一位气象工作者把学习九仙山气象站的"高山奉献精神"与发扬百色革命老区的优良传统相结合，为气象事业的发展做出新贡献；在厦门，与九仙山有着千丝万缕的陈仲局长还补充了气象站许多鲜为人知的感人故事，特别钦佩九仙山气象人非凡的耐寂寞能力，与会的市委"保先督导组"袁建平同志感叹地说："能够在山上生存，本身就很了不起了，长年累月驻扎高山，并创一流的业绩，更是一个无法想象的人间奇迹"。

与此同时，另一支报告团也先后为当地各部门做了十几场报告会，特别是3月10日，泉州市先进基层党组织和优秀共产党员事迹大型报告会结束后，更引起较大轰动。许多党员体会深刻，深受触动。"在同样的环境里，在同一条起跑线上，我们找到了和先进之间的差距。"他们说，"平凡之中见高尚，细微之处见先进。九仙山气象人的先进事迹感人、真切，离我们的现实生活很近，是平凡中的不平凡。他们几十年如一日，始终把党和人民的利益放在心中最重要的位置，从他们身上看到了共产党员先进性所折射出来的光芒。他们是泉州的光荣，我们要向他们好好学习"。

学习先进，就要学习他们无私奉献的精神，学习他们吃苦在前、享受在后、不计名利、不计得失、以身作则的精神。如何把这种精神用到自己的生活工作实践中，成为报告会后每个党员干部共同思考的问题。

报告团成员也深为所经地方的"保先"热潮所感染，并深深地感到，自己所做出的成绩只是全国气象系统兢兢业业优良传统的一个缩影，荣誉所承载的精神财富是全国气象部门的共同财富。在当前如火如荼的"保先"教育活动中，共产党员只有始终保持应有的先进性，才能像春天里播撒的种子一样，不断带动与激发全国人民积极向上，才能使气象事业和党的事业更加辉煌。

人员汇总　群英璀璨

据不完全统计，从 1955 年建站至 2023 年，在山上工作的人员有 104 人，尚遗漏个别临时工。人员情况见下表。

九仙山气象站 1955—2023 年人员情况表

序号	姓名	职务	来站时间（年.月.日）	离站时间（年.月.日）	站龄	籍贯	备注	
1	王炳熙	站长	1955.9	1957.2	1 年 6 个月	山东	第 1 任站长 / 连级干部	
2	高希曾	站长	1957.3	1958.6.25	1 年 4 个月		第 2 任站长	
3	马传员	站长	1959.10.30	1960.10.30	1 年	山东	第 3 任站长	
4	苏秋景	观测员	1955.9	1956.3.1	8 个月	福建莆田	调福建省气象局。2024 年 2 月去世	
5	濮政和	观测员	1955.9	1957.9.22	2 年	江苏		
6	陈如德	观测员	1955.9	1962.6.23	7 年	江苏		
7	陈文灿	观测员	1955.9	1958.8.26	3 年	福建莆田	调莆田气象局。已去世	
8	徐竞成	报务组长	1955.9	1956.7.28	1 年	山东	调福建省气象局。已去世	长春通信干部学校报务专业
9	李炳元	报务员	1955.9	1958.1.23	2 年 5 个月	湖北	调厦门市气象局，2022 年 2 月去世	
10	周希明	报务员	1955.9	1957.6	2 年	四川合江	调柘荣县气象局	
11	许继福	报务员	1955.9	1962.4.12	6 年 9 个月	四川叙永	调四川古蔺县气象局。后福建省局派人上山教报务知识	
12	涂财源	摇机员	1955.9	1958.4.23	2 年 5 个月	赤水当地人	调德化县畜牧站	
13	陈文洼	摇机员	1955.9	不清	—	赤水当地人	临时工	
14	陈明玉	摇机员	1955.9	不清	—	赤水当地人	临时工。赤水镇唯一参加抗美援朝志愿军	
15	童忠铮	报务副组长	1956.7.28	1957.8	1 年	浙江	南京解放军第三通信学校报务专业。调福建省气象局	

续表

序号	姓名	职务	来站时间（年.月.日）	离站时间（年.月.日）	站龄	籍贯	备注
16	郭丰源	观测员	1957.5	1957.6	2个月	广东潮州	调南平松溪县气象局。长春通信干部学校报务专业。2020年4月去世
17	陈才田	观测员	1957.8.13	1958.9.11	1年		
18	张爱义	观测员	1957.9	1958.7.25	1年		
19	杨鸿基	观测员	1958.2.8	1962.6.23	4年5个月	云南	毕业于成都气象学院
20	柯华章	观测组长	1958.7.4	1962.6.23	4年	湖北	原为军人，由西藏调来，后调到福建省气象局。已去世
21	郑德炳	观测员	1958.9.11	1958.1	5个月		
22	姚鸣凤	观测员	1958.9.11	1967.10.20	9年2个月	福建莆田	先后调永泰和莆田气象局
23	黄清森	见习观测员	1958.12	1959.1.28	2个月		
24	郑瑝贵	摇机员	1959.4.23	1963.5.21	4年2个月	福建德化上涌	离职
25	周宗呼	摇机员	1959.4.23	1961.10.7	2年7个月	赤水当地人	离职
26	张水斌	观测员	1959.5.11	1965.2.7	6年	福建同安	调同安县气象局
27	叶明心	通讯员	1960.7	1965.10.1	5年	福建德化国宝	离职后就读湖南大学力学专业，从事建筑创业有成
28	陈庆忠	站长	1960.10.14	1973.4	12年7个月	福建德化雷锋	第4任站长
29	赖开岩	观测员	1961.4.22	1967.7.20	6年3个月	福建德化汤头	雷击牺牲 · 三人为德化读书时的同学
30	林文庆	观测员	1961.4.22	1962.5.27	1年	福建南安	离职回籍 · 三人为德化读书时的同学
31	彭荣卿	观测员	1961.4.22	1971.6	11年	福建德化	调福建省气象台观测科。2023年8月过世 · 三人为德化读书时的同学
32	林和准	观测员	1961.6	1962.10.21	1年5个月	福建德化雷锋	回乡探亲病故
33	陈天送	观测员	1961.10.4	1982.12	21年	福建德化	1955年建站临时工，通信员/勤杂，后当兵并于1961年分配上山
34	谢林光	观测员	1962.10.4	1982.7	20年	广东揭阳	调东山县气象局 · 因上山迟而没参加年中报务班培训。1963年通电话发报
35	邓纪坂	观测员	1962.12.23	1973.4	10年5个月	福建德化	调德化县气象局 · 因上山迟而没参加年中报务班培训。1963年通电话发报
36	洪家单	观测员	1962.12.23	1982.8	20年	福建晋江	调晋江气象局 · 因上山迟而没参加年中报务班培训。1963年通电话发报

续表

序号	姓名	职务	来站时间 （年.月.日）	离站时间 （年.月.日）	站龄	籍贯	备注	
37	陈良器	勤杂	1963	1965	2 年	福建德化 猛虎	调德化葛坑供销社	
38	陈锦民	观测员	1963.2.17	1982.1	19 年	福建惠安	调泉州市气象局	
39	潘儒论	勤杂	1963.5.18	1970.5	7 年	福建德化	离职回乡	
40	黄秀羡	观测员	1963.9.1	1966.7.2	3 年	福建仙游	调泰宁县气象局	
41	何温柔	勤杂	1964.4.17	1971.6	7 年 3 个月	福建晋江	移居香港	
42	林良成	副站长	1967.9 1991	1984 2009	35 年	福建惠安	退休。两 次上山	三人为福建省气象学校报务班同学。1963 年后电话发报为主，电台发报备用
43	林玉仙	副站长 / 站长	1967.9 1992.5	1986.1 2009.12	36 年	福建莆田	第 6/ 第 9 任站长。 两次上山	
44	庄宗平	观测员	1967.11.4	1972.6	4 年 8 个月	福建惠安	调福建省气象台/惠安县气象局	
45	陈能夺	副书记	1971.8.15	2005.12	34 年 5 个月	福建德化 上涌	退休	
46	李清淡	指导员 / 书记	1971.9.22	1981.8	10 年	福建德化 英山	调德化县纸箱厂任 厂长	
47	林明春	勤杂	不清	1981	—	赤水 当地人	临时工，退职	
48	赖多兴	勤杂	不清	1981	—	赤水 当地人	临时工，退职	
49	庄栋生	副站长	1973.4	1982.1	9 年 5 个月	福建惠安	第 5 任站长，调厦门 市气象局	
50	林政朝	炊事员	1971.4	2002.2	31 年	福建德化 大铭	退休	
51	赖初潘	炊事员	1972.10.31	1996.1	24 年	福建德化 大铭	退休	
52	林良彻	观测员	1974.5.29	1975.3.11	1 年	福建德化 大铭	招工学观测，身体不 好回家	
53	曾再兴	副书记	1975.12.26	2016.8	41 年	福建德化 城关	退休	
54	颜进德	勤杂	1975.12.26	2016.7	41 年	福建德化 赤水	退休	
55	涂金盾	副站长	1977.3.27	2009.4	32 年	福建德化 赤水	退休	
56	连友朋	测报副股长	1977.3.27	2011.6	34 年	福建德化 上涌	退休	
57	黄宇苃	驾驶员	1977.6.2	1983.6	6 年	福建德化 龙浔	调德化农资公司	

续表

序号	姓名	职务	来站时间（年.月.日）	离站时间（年.月.日）	站龄	籍贯	备注	
58	周振樟	站长	1979.2.11	1990.2	11 年	福建永春	第 7 任站长	
59	陈明东	副站长	1979.2.14	1986.1	7 年	福建闽清	调福建省气象台	
60	颜宝虎	副站长	1981.9	1988.12	7 年	福建永春	调永春县气象局	
61	郑长发	观测员	1981.9	1987.11	6 年	福建德化上涌	援藏，后调德化县气象局	
62	陈少明	副站长	1982.11	1992.11	10 年	福建德化赤水	调德化县气象局	
63	欧阳再根	观测员	1984.8.14	1988.9	4 年	福建漳州	调漳州市气象局	4 人为福建省气象学校同学
64	陈锡本	观测员	1984.8.14	1987.8	3 年	福建尤溪	调尤溪县气象局	
65	张建煌	观测员	1984.8.14	1987.6	3 年	福建三明	调三明市气象局	
66	李良宗	站长	1984.8.14	1994.11	10 年	福建东山	第 8 任站长，调漳州市气象局	
67	林燕飞	观测员	1985.7.31	1990.2	4 年5 个月	福建漳州	调龙海县气象局	
68	王行松	观测员	1986.8.15	1990.11	4 年	福建霞浦	调宁德霞浦气象局	
69	黄义发	观测员	1986.8.15	1990.1	3 年5 个月	福建平和	调平和县气象局	
70	林远程	观测员	1988.8.15	1990.1	1 年5 个月	福建大田	调大田县团委	
71	李名旺	观测员	1988.7	1989.6	1 年	福建柘荣	调宁德市气象局	
72	刘飞	观测员	1989.8	1993.7	4 年	福建闽侯	调福建省气象局	
73	王明汉	观测员	1989.7.1	1994.4	5 年	福建寿宁	调周宁县气象局	
74	陈孝腔	观测员	1989.7.1	1994.7	5 年	福建屏南	调福建省气象局	
73	连明发	副站长 /站长	1990.7.14	2013.3	13 年	福建德化国宝	第 10 任站长，调德化县气象局	
74	余振	观测员	1990.7	1994.7	4 年	福建福清	调福清县气象局	
75	陈为德	副站长 /站长	1990.12	至今	33 年	福建德化上涌	第 11 任站长	
76	陈峥嵘	观测员	1991.7	1995.6	4 年	福建晋江安海	调晋江机场	
77	阮金富	办公室副主任	1991.7	1996.7	5 年	福建仙游	调仙游县气象局	
78	苏文元	副站长	1991.7	2021.2	30 年	福建德化宝美	调德化县气象局	
79	张金超	观测员	1994.7	1996.7	2 年	福建永春	调安溪气象局	
80	徐才华	观测员	1995.7	2000.4	5 年	福建德化三班	调德化气象局	

序号	姓名	职务	来站时间（年.月.日）	离站时间（年.月.日）	站龄	籍贯	备注
81	赖建梁	办公室主任	1996.7	至今	27年	福建德化大铭	在职
82	姚新锋	观测员	1996.7	2001.6	5年	福建仙游	调仙游气象局
83	赖辉煌	观测员	1996.11	至今	27年	福建德化大铭	在职
84	林辉阳	观测员	2008.7	2011.12.1	3年5个月	福建泉港	调福建省气象局
85	苏淑圆	炊事员	2008.9	2008.11	2个月	福建德化	结束自2003年起长达6年无人做饭、"背锅打仗"的历史
86	苏丽芳	炊事员	2008.12	约2009.4	5个月	福建德化	
87	连瑞漂	观测员	2009.2	2024.1	15年	福建建鸥	离职
88	方祥超	观测员	2009.2	2010	1年	四川西昌	西藏机场
89	杨庆波	观测员	2009.3	至今	16年	福建惠安山霞	在职
90	徐翅	观测员	2009.5	2020.12	11年5个月	福建福州	调福建省气候中心
91	林锴	观测员	2009.5	2021.1	12年5个月	福建顺昌	调南安市气象局
92	陈坡源	驾驶员	2009	2014	5年	福建德化赤水	离职
93	郑文君	观测员	2009.5	2013.05	4年	福建福州	调尤溪县气象局
94	郑秀华	炊事员	2009.5	2011.2.2	1年9个月	福建德化上涌	临时工
95	郭玉玲	炊事员	2011.2.2	2014.7	3年5个月	福建德化上涌	临时工
96	兰宗宏	观测员	2011.7	2024.1	12年6个月	福建福州	调福建省气象台
97	石金伟	观测员	2013.1	至今	10年	江西景德镇	在职
98	朱明星	观测员	2013.1	2017.02	4年	江西吉安	离职
99	蒋逢春	炊事员	2014.8	至今	10年	福建德化上涌	临时工
100	蒋秀泉	炊事员	2015.4	至今	9年	福建德化上涌	临时工
101	陈新添	文员/驾驶员	2018.12	2020.03	1年5个月	福建德化龙浔	离职
102	涂庆荣	出纳/驾驶员	2020.9.15	至今	3年	福建德化盖德	在职
103	苏秋婵	办公文员	2023.03	至今	5个月	福建德化	在职
104	林凯特	观测员	2024.01	至今	5个月	福建永春	在职

十一

文稿物品　见证历史

以下是各种媒体报道，老物品，回忆，书稿等。

（一）媒体报道

远自 1966 年起，九仙山气象站的"高山奉献"精神逐渐走入世人视野，主要报道如下。

团结战斗的九仙山气象站

来源：1972年8月14日福建日报

△ 及时观察气象变化，为国防建设和社会主义建设提供宝贵的气象资料。

△ 不怕风雪雷电，及时准确地把气象变化情况上报。

△ 加强军事训练，为保卫祖国，随时准备歼灭敢于来犯之敌。

△ 收听来自祖国首都的声音

九仙山上的"管天兵"

新闻照片

第 2847 期

1973年1月16日 星期二

战斗在海拔一千六百多米高山上的九仙山气象站工作人员，发扬艰苦奋斗的革命精神，自己动手上山砍柴。

新华社记者摄

4 （403453）

气象站的工作人员帮助邻近公社建立农村气象网，培训农村气象人员。

新华社记者摄

3 （403452）

福建画报1979年第3期(赖祖铭) 高山顶上气象站

不怕冰雪严寒，爬到十多米高的风雪杆上排冰。

炊事员陈朝泰从半山挑水上山。

在九仙山奋斗了近二十年的老气象工作者陈锦民。

赖祖铭 摄影报道

九仙山气象站

九仙山气象站位于福建省德化县西北部戴云山脉万山丛中，海拔1653米，创办于1955年，是国家基本气象站之一。它担负着拍发航空报、绘图报和不定时的危险报，又是参加亚洲气象情报交流台站之一。

这里天气瞬息多变。由于地势较高，常为云雾笼罩，全年雾日达300多天，最多年雾日320天，最少年雾日266天。历年最长连续雾日170天，仅次于四川峨眉，列居全国多雾区第二位。雨量充沛，年平均降雨量1699.8毫米，最多年份达2405毫米，雨量集中在5至8月间。雷电频繁，每年日数达270多天。大风日年平均208天，最多年份达268天，最长连续日数达36天，平均风速7米/秒，大风日数之多为我省之冠，仅次于吉林省的安图天池，位居全国第二位。夏季温凉，冬季寒冷。年平均气温12℃，最低温度为零下16℃，冬季寒风刺骨，时有大雪纷飞。年平均相对湿度为87%，仅次于四川的金佛山(90%)，为目前全国纪录之第二。

二十多年来，这个站的全体人员坚守岗位，以站为家，以苦为荣，和各种自然灾害作斗争，不断战胜经常变幻的恶劣天气带来的困难，日日夜夜监视着大自然的风云，为国防、科研和生产建设提供了大量珍贵的气象资料，并积极开展气象服务工作，受到了有关方面的表彰和奖励。

徐本幸 徐明贤

来源:1981年第12期地理知识

·4· **泉州晚报** 1986.12.24

德化行之五·

九仙山上「管天人」

庄金平

九仙山，海拔一千六百五十米的九仙山，峰峦竞秀，怪石嶙峋，岩洞多姿，文物荟萃，人们赞赏这大自然的美妙风姿。然而，我更赞美录着"苦行僧"式的生活。累月守护着报告着，日复一日，过着记录着守护着报告台的十六位年轻人，长年观察着恶劣的环境，他们默默无闻，面对恶劣的环境，他们默默无闻，面对恶劣的环境。

请到这里看看他们的生活吧！这里有全国三个"第二"之称：雾日年均三百天，相对湿度高达百分八十七，仅次于四川峨眉山；风力发电站。深夜，雷电击毁了风峰顶，电话线也断了，他们抢修着，他们搭成人梯攀上去，冒命地抢修着，冰雪封堵了，把气象报告送出去。测报错情一心。没有电，他们自己创建了二十五米高的避雷塔竖立上山上粮草尽断，顶住了二百六十八天以上，仅次于吉省、市、县的表彰大会，"九仙山上'管天人'"！赞美您们，九仙山上"管天人"！

该站三十多年来，多次被省、市、县评为"信得过"的气象站，多次被率始终控制在允许值情内结。通道。勒紧腰带，顶住了一心。始终被誉为"先进单位"、"席卷过全国"。

泉州 晚报 周末版 WANBAO QUANZHOU

1991年11月16日●星期六●农历辛未年十月十一●第2110期

贾省长上九仙山

通讯

11月13日午后，贾庆林省长一行特地来到德化九仙山气象站。站里的同志个个喜笑颜开，围拢过来和省长亲切握手、交谈。

"海拔1653米的九仙山顶，风云多变，气候恶劣，年均雷暴日77天，多时达102天……"贾省长听了你一言我一语别开生面的汇报，指着墙上挂满的奖旗、奖状，称赞说：你们工作在这样艰苦的环境，多次被省、市、县政府和本系统评为先进集体、双文明建设先进标兵，实在很不简单！接着，贾省长关切地询问大家冬天有没有取暖设备，平时能不能看到报纸、电视，吃水会不会有问题，转头又问起几位小青年结婚了没有，找对象会不会有困难等等。当有的同志提及住房已陈旧，御寒功能较差时，贾省长表示回去后要向省有关部门反映，并转过头来对泉州市长林大穆、德化县委书记郑来兴、县长傅锦望说：这里环境较特殊、艰苦，我们各级领导要对他们多加关心。

座谈过后，贾省长又来到发报室、走进宿舍、步入厨房，细心察看气象人员工作、生活情况。登上观测场时，风和日丽。有位同志打趣说：省长来到高山上，天气也变好了，不然平时是很少见的。贾省长高兴地招呼大家一起合影。

（宗慰，荣建）

深沪湾自然世界罕见的海底

本报讯 晋江县日前正式建立深沪湾海底古森林自然保护区。

深沪湾古森林遗迹位于湾内华峰村土地寮东上，分布在距岸100米以外，范围长达千余米，宽片古森林通常淹于水深约2至3米的中、低潮间带露海滩上，为原生直立树干，树皮和树心已有一定化，树干最大直径为1米，树围3米多，最小的为0.为0.5至0.7米，株距为15至30米。

深沪湾成片海底古森林遗迹的发现，在我国尚属首次。经有关部门科学鉴定，确认古森林残迹杉属植物，距今约7500年左右，可能是一种已经绝种。深沪湾古森林沉没于海底，主要是由于当时地度下沉而造成的。

据地学权威人士介绍，深沪湾古森林遗迹古遗迹之多，埋藏年代之久，遗迹保存之完好，出

还有更多的报道，恕无一一罗列。

（二）老物件

　　仙山难忘。离开山上多年甚至几十年，大家还是珍藏了很多当年使用的物品，因篇幅有限，以下只罗列一小部分，请恕无法周全。

老物件

　　1978年谢林光同志送给来站建风机的北京钟光荣同志的自编竹篮（左图左），这份情意珍藏至今。

老物件

　　左图左为1978年建路功臣、福建省计委基建处白瑞川同志（已过世，安溪县龙门镇榜寨村人）之子白奇龙先生提供的藤椅，左图右为防雷服。

老物件

　　左图为进观测场穿的雨鞋和下山查电话断线时所背的电话机外套。

（三）部分老同志的回忆和介绍

1. 老同志杨汉武的回忆

（杨汉武：籍贯江苏盐城，1952 年 4—11 月，华东军区气象处丹阳气象干训大队第二期学员，气象观测专业速成班；1952 年 11—12 月，福建军区十兵团气象科战士；1952 年 12 月—1953 年 9 月，参与建设平潭气象站；1953 年 9 月—1955 年 6 月，先后在福州和厦门气象台工作当观测员；1955 年 6 月，与马文行、陈文灿两位同志受命一起上九仙山建站。1955 年 10 月 1 日建完站后离开，到福瑶岛、长汀等地继续建站，后在南平市气象局退休，工程师。马文行同志随后调到南京空军气象学院、江苏泰州市气象局、泰州市园林部门。）

福建第一个高山气象站建站记

九仙山气象站俨然像一个哨兵，屹立在我国东南沿海。与我国台湾隔海相望，位于福建中部戴云山脉之右翼，号称"五尺天"的九仙山之巅，海拔 1653.5 米，四周都是悬崖陡壁，这里人烟稀少、荒草遍地、荆棘满山。

回首当年上九仙山建站，真是一生难忘……

接受建站任务

1955 年初夏，我当时在厦门气象台工作，接到福建省气象局调令，要我参加全省台站网的建站工作。任务是艰巨的，都是一些高山、海岛站，如德化县的九仙山、崇安县的七仙山、建瓯县的筹岭、寿宁县的南山顶及闽东的台山岛、大嵛山、福瑶岛等。福建省气象局一共抽调 10 多名青年干部，先集训一个月，于 6 月下旬出发，分赴各个站点。

我和丹阳一期的陈文灿同志分配去德化县九仙山建站。听说那边全是大山，海拔高达 1500 米以上，荒无人烟，夏天要穿棉衣，山上还有老虎，思想上开始紧张，当天晚上，我和文灿几乎没有合眼。

第二天每人发冲锋枪一支，子弹 50 发，手榴弹 4 个，害怕的心情自然减轻了一些。

6 月的福州，天气已相当炎热，骄阳似火。从福州到九仙山全程约 340 多公里，但福建当年没有铁路，亦无长途直达汽车，只有短途汽车经永泰、仙游、永春到德化，从德化县城上九仙山还有 44 公里。途中在仙游、德化各住一宿，并约定在山上负责建房的马文行站长下山到赤水接我们，顺便把两个苏式大型百叶箱、轻重型风压器等笨重东西一起运上山。

从德化县城到九仙山，必须经过赤水，这是上山的最后一个小山村，当年不上百户人家，没有汽车相通，连小路也到了尽头。我们在赤水与马站长相遇，当晚住下。

第二天一早，每人带着干粮，军用水壶，除了两个大百叶箱等笨重东西雇民工抬以外，贵重的仪器我们自己拿，还有背包、棉衣、枪枝弹药等全部"财产"都在身上。负重累累，酷热难当，满身都是汗水，背包贴身的一面均被汗水浸湿了。我们一行9人，3个干部，6个民工，其中一个老汉兼向导。

我们步行登山，一片荒野岭，荡无边际，走了一山又一山，走着走着，我们连方向都弄不清楚了。

文灿拿出指南针，站好位置，怎么搞的，老是指向东北方？

马站长一边笑了："真是两个书呆子，您的枪管靠着指南针，还有什么用？"

这么一提醒，我俩的脸都红了，三四年前在丹阳干校学习，书面考试90多分，现在实践只有0分，若安装百叶箱、风向标时对成这样的方位，不是成了笑话吗？越想越感到理论结合实际的重要。

脚下在步步登高，时而可以见到一小段山间石板古道，由于年久失修，早已长满杂草。马站长也认不出下山的原路在哪里，只有紧跟向导，向着未来的九仙山气象站站址攀登前进……

途遇"老虎笼"

在我们走得非常疲劳的时候，马文行站长这个在野战军当过侦察排长的山东大汉，生动地讲起抗日战争与日本兵拼过刺刀的"肉搏战"，说得大家忘记了腰酸腿痛，个个精神振奋。

忽然，发现正前方有一个长方形的石板笼，正在此时身旁的老松树发出嗖嗖的风声，陈文灿叫了起来："不好！山上真有老虎！"

我赶快抓好枪，将子弹上了膛，气氛如临大敌。

向导连忙稳住我们："别怕，这不是老虎，是过去抓活老虎用的石板笼子，里边有自动开关，老虎饿了觅食闯进去，就不要想出来了，几年才抓一头。"

我和文灿听着听着，嘴上说不怕，实际心脏在怦怦跳，手不离枪，时刻在做战斗准备。

马站长确有一双侦察员的眼睛，看出我俩的心情，让我们两人走在中间，而他自己却满不在乎，并拉开"嗓门"，讲起他的山东老家景阳冈武松打虎的故事来，讲得有声有色。

深山古庙宿营地

干粮已吃完了，水壶早已空了，再灌上纯正的天然"矿泉水"，别有风味，喝下去一直凉到小肚子。马站长风趣地说"越爬山越像进了福州的'冰厅'，山上汽水尽吃，可不许拉肚子"。

苏式大型百叶箱相当笨重，它的体积比现在4个百叶箱还大，从平地运上高山，实在不容易，每前进一步、升高一尺，均要流出不少汗水。有时单靠几个民工还上不去，马站长就发挥"大力士"的作用。我和文灿身背气压表、温度表、武器、被包等，虽然也不轻，但与民工相比，已不算苦了。

山上的景色真迷人，大约在800米的高度，山上的小竹子会抽穗、开花、结籽，问向导老汉，这是怎么回事？

他慢条斯理地说："山上竹子开花抽穗是预兆将有大旱年发生。据祖辈老人讲过，古代曾经有一年，天下大旱，半年多不下一滴雨，田里的水稻全干枯死了，这时老天爷救人，满山遍野的小竹子开花长出了稻穗，广大饥民就是靠吃它救了命。"

听得我们半信半疑。

忽然，一阵山风吹得大家冷起来了，时间已不早，马站长从身上掏出怀表，一看已是下午5时多。我又拿出空盒气压表粗粗测算了一下，才知道脚下已上到1500米左右的高度了。

我是江苏平原长大的，对山很感兴趣，今天从早到晚算是爬够了，脚上打起了许多血泡，走路一瘸一拐的，从今不想再爬山了。

整个山上没有一户人家，离未来气象站最近的居民点——赤水约30里路。忽见左前方的山梁下，一片茂密的树林，隐约看到一些古色古香的房屋，向导告诉我们，目的地快到了，我们又惊又喜。

一座深山古庙，就是我们建站人员临时宿营地，今晚就住在这里，未来的九仙山气象站将建在那个悬崖上面，离这里还有好几百米。

一进古庙，我们好像掉进了"冰库"，一股寒气夹着霉味扑面而来，身上鸡皮疙瘩都出来了，我们急忙加衣服。庙很破旧了，已没有和尚，泥菩萨被搬掉了，神台还在。建站房的工人比我们先到，我们一来，把三五间小庙房住得满满的。

山上很冷，夏天像是初冬，不需洗澡，也不用挂蚊帐，神台就是床铺，吃完晚饭，在"静静的山林"，我们很快就进入梦乡了。

稀有动物"四脚鱼"

在古庙庭院中间，有一个用石条砌成的长方形泉水井池，没多深，水清见底，不断泛水泡，里面生着许多"四脚鱼"，三四寸长，群众称"神鱼"。

很奇怪，在水中会游，拿出来放在地上会爬行，四只脚，前后一样长，似青蛙不会跳，像乌龟身无壳，这是我上山后遇见的第二件新鲜事。在南京、上海、北京动物园里均未见过会走路的鱼。当时年轻，好奇多问，便问向导老汉，请他讲这鱼的来历。

他说："据传几百年以前，天大旱，庙里住了一个老和尚，也旱得没水吃，由于山泉干枯，池内无水了，里面的放生鱼面临死亡，忽然，黑风骤起，把池内快死的鱼吹出了池外，每头鱼从此长上了四只脚，爬出山门，找水去了。一直到久旱逢雨，山洪暴发，四脚鱼又回到了古庙泉水井池。"

我问是真是假？老汉边抽烟边回答"这是祖辈相传，无从查考。"

我看，神话是假的，四脚鱼是真的，从谈话中得到启示：当地历史上的干旱是严重的！什么"开花竹、长脚鱼"均证明了这一点。

身为新中国气象工作者，加倍感到在这高山上兴建一座气象站，探索大自然风云变幻，记载雨量、温度、日照……总结山区旱涝规律，建设福建、开发山区服务的重大意义。几年之后，将以科学数据代替历史上的神话传说了。

站长和我们两人开了一个小组会，不，这应当说是"九仙山气象站筹建首届会议"，中心议题是"克服困难、艰苦创业、大干一百天，力争国庆节建成福建第一个高山站！"

炸出高山气象观测场

在地无三尺平的九仙山冈上，用炸药爆破，剃平山头，开辟出一个 25 米 ×16 米南北方向比较正的气象观测场。

当时，执行的是苏联地面气象观测规范，观测场要求宽广平坦，四周无障碍，还要浅草平铺，具备此"三性"要求。为了达到这一目的，我们一边安装仪器，一边和工人一起爬上爬下走好几里地，满山遍野去找土、找草皮。

站房周围全是石头山，很难见到泥土，更看不见草皮。为此，我们为了一担泥土、一担草皮，需下山沟，攀悬崖，马站长风趣地说："这里的泥土似黄金、浅草比福州的韭菜还宝贵。"有时一天还不能挖到两土箕。

就这样，几十个人齐动手，经过两个多月的炸石、挑土、找草，才把观测场装点起来。

12 米高的两根风向杆直立九仙山上，漆得雪白光亮，似乎比平地观测场风向杆显得更高、更险峻。

马站长鼓励我说："小杨，您试试"，我想一个共青团员连这点小小考验都受不住，往后共产主义道路还长呢！接过保险带，拿着风压器就上去了，他们两人在地面助胆，做帮手，还有很多人围着看热闹，不一会轻型的装好了；再装重型的，当我用保险带固定在风向杆顶端时，耳边山风阵阵，云块从头顶掠过，我全然不顾，精力集中，将重型风压器奋力举过头顶，由于太重，手臂不停地颤抖，很难送上顶部，他们在下面不停地在"打气"，我最后使出了吃奶的力气，好不容易才将重型风压器插进套管，完成高空安装任务。

当我下到地面，四肢都软了，脸色难堪，站长像接待飞行员下飞机一样，替我擦汗，要我休息，还说要亲手包山东水饺慰问。革命同志的温暖使我反倒不好意思了，只是谦虚地说，比您与日本鬼子拼刺刀还差得很远、很远。

观测场四周的白栅栏已油漆一新，两根风向杆在九仙山冈上直插云霄，还有排列整齐的大小百叶箱、雨量器、日照计、蒸发皿等，全部按规范要求安装并校正好。

当我登上新建的高山观测场时，四周云海茫茫，心情开朗，诗情来潮，想起大诗人李白的诗句：

五月天山雪，无花只有寒，笛中闻折柳，春色未曾看。

说的是农历五月，已是春残初夏、草木兴旺的时节，而高山地带春色却姗姗来迟。而在东南沿海一个高山气象观测场上，则有另一番景色，正是：

闽中九仙山，人称"五尺天"。

俯首看大海，举头在云间。

风雨匆匆过，雷电常相伴。

烈士写春秋，九仙气象站。

2. 老同志钟光荣的回忆

（备注：钟光荣，中央气象局气象科学研究所风力发电机工程帅，于20世纪70、80年代先后四次上山安装风力发电机等，致力解决山上用电问题）。

我们在九仙山的故事不少，其中有一次"一无所获的围猎"令人难忘（编者注：发生在1985年戴云山保护区成立之前的1978年4—5月间）。

山上的野生动物多，主要有昆猪和狍子［山麂（jǐ），像鹿］等。

某天上午，有人从山下上来，发现有狍子（2000年已被列入保护动物，禁止猎捕）在半路的山沟里活动，到站一说，年轻人都兴奋

昆猪　狍子（山麂jǐ）

昆猪和狍子

了，站里有枪，走！打 PULI（狍子的当地闽南语音）去！于是安排两个人拿破脸盆和棍子，匆匆下山，由下而上，一面敲，一面喊，赶 PULI 上山；其他人则在山头各处布点。

李道忠（福建省气象局专家）先带上狗下山到山头东北处的凹地潜伏，也就是山沟的尽头。过了相当的一段时间，老李那里突然响了一枪，狗也猛叫起来，各围点都兴奋得很，端正枪口盯着前方。不一会我的左侧方又"啪"的响了枪声，我使劲盯着前方，忽然发现几十米外一头狍子的眼睛盯着我，我一兴奋一扣扳机，没有上子弹！狍子立即飞快地向山下夺路而逃！

围猎

老李说，狗突然冲了出去，狂叫起来，随即看见狍子飞快地逃跑，他端起枪开了一枪，没有打着。小卞说，狍子突然从他前面跑过，他慌忙开枪，晚了！没有打着！我问他离多远？说：有 5、6 米开外吧！我笑话他 5 米都没有打着，真遗憾！把他气得够呛！其实我没上子弹就开枪，那更没有水平了！

虽然没有打到猎物，但大家依然十分高兴，一场没有收获的团队行动，只是把下山赶狍子的二位，累得够呛。

当时的狗，名"赛虎"。据说是从山下村里一个爱打猎的村民家买的，当时粮食紧张，吃不饱饭，山上人多些，且粮食定量高一点，据说"赛虎"在山上吃饱了没多久就下山回家了，帮助老主人打猎。

另一次打猎记录。

有一次我单独上山时，从山下拐进上气象站的土路不久，遇到了两个站里年轻人，扛了把枪，牵着"赛虎"也正好要上山。

走了一半，拿枪的那位突然发现右侧前方山上有一只狍子，他立即开了一枪，狍子飞快地逃跑，"赛虎"挣掉牵绳疯狂地追了出去。

打着了！打着了！两位也追了出去，一位穿拖鞋的换了我的球鞋，快速追了上去。

我拿着枪守在路旁，好长时间没见动静。天都快黑了！又过了一段时间，两个人终于抬着狍子到了路上，"赛虎"静静地摇着尾巴，跟在后面。

二位同我说，他们爬上右侧山头，"赛虎"已不见踪影，喊也没有回音，后来发现了狍子的血迹斑斑，就顺着血迹寻找，好一阵子才找到，赛虎蹲在狍子的旁边，一看见他们，立刻狂叫起来，高兴得要命。让人又好气又好笑。

天黑了，他们说，老钟，我们回村里，还是上山？我说上山吧！给大家一个惊喜！

他们俩抬着狍子（见右图），前为初潘，后为栋生（在站时间1973—1982年），我扛着枪和手提包，费劲地往山顶走去。爬到站门口时已经凌晨00时多了，一位要过我背的枪，朝天空放了一枪，我也不知道是什么意思，可能是庆祝吧。

扛狍进站

开门后，大家看到了狍子，高兴极了！连夜生火烧水处理狍子。

我累得话都不想说，赶紧上床睡觉，可半天也没有睡意。正迷糊间，忽然听到有人喊，老钟！吃狍子啦！（赖）初潘已经把狍子肉炖好了！

我一骨碌爬起来，天已亮。又是新的一天！以上是1978年的事。

我曾在集市上买了一条小狗送给站里，那是1985年了吧，就是安装第二台风机那年，据说后来生了不少小狗，其中有一只叫"胖子"、一只叫"瘦子"，很能打猎！据说有一条狗掉到厕所里淹死了！

九仙山的草都有灵气。能量很强。你信不信？

（后来讲的事情，我信了。）

3. 老同志周希明的介绍

周希明，四川人，在山上时间：1955年9月—1957年6月。1954年8月，被部队招收到长春通信干部学校学习报务，1955年9月，与同班的徐竞成、李炳元、许继福一起分配到九仙山气象站，当时月工资40～50元，值班看时间所用的是180元的罗马表，站长王炳熙（在山上时间：1955年9月—1957年2月）是部队连级干部，后回山东老家。当时探空资料缺，故建站，开始建站时间不清，由炊事员到山腰挑水，水坑是自己挖的。1957年6月，离站到北京气象学校深造，1960年分配到福建省气象台探空组。"文革"期间的1970年被审查，"文革"结束后，1979年平反，到福建省气象学校当会计，1984年，为解决妻儿"农转非"问题，调到柘荣县气象局，直至退休。

4. 老同志童忠铮的介绍

图7 南山顶气象站业余演奏队

那个年代，气象部门被社会上称为"环境艰苦、工作辛苦、生活清苦"的"三苦"单位。1955年10月，福建省建立了德化九仙山、崇安七仙山、寿宁南山顶、建瓯寿岭和霞浦福瑶岛等高山、海岛气象站，"三苦"更甚。但是，这一代年轻气象工作者，有着以艰苦为荣的奉献精神，充满着革命乐观主义，唱出"鲜红的旗帜飘四方，祖国大地放光芒，人民气象员战斗在世界屋脊上"豪迈高昂的歌曲。被称为福建"西伯利亚"的南山顶气象站，海拔1383 m，一年大雾280多天，8级以上大风150多天。该图显示了当年战斗在这里的业余演奏队面对群山，快乐地弹唱革命歌曲的场景。右起第一人为站长、福建省、全国劳动模范林光中。

南山顶气象站

祖籍浙江，出生在上海，1951年1月读初三，被招进南京解放军第三通信学校学报务，1952年5月毕业，毕业后在厦门市气象台、水兵流动台、福州等地工作。在山上时间：1955年9月—1957年6月，在山上跟班学观测，离站到成都学习通信机的维修。20世纪50年代，福建省气象局应空军部队要求，全省建了5个高山气象站——德化九仙山、崇安七仙山、安溪长坑山

（1959年建）、宁德寿宁南山顶（海拔1383 m，右图）、建瓯筹岭气象站和2个海岛气象站——霞浦福瑶岛气象站、福鼎台山岛气象站（引自高时彦、李彬之"福建气象事业的成就和发展"）。

当年有一次，我到福建省气象局档案室看档案，看到我参军时填的志愿表，才知道部队可能是按我体检报告定的，当年我比较瘦小定为丙等身体。

5. 40周年站庆

1995年12月15日，举办建站40周年庆，邀请了各级领导和相关友好单位。中午在山上吃面，晚上在德化县城办了12桌。当时县政府支持2万元，省、市局各5000元，当日上山的副县长又给5000元。

当时还邀请了泉州市气象部门中曾在山上工作的"老九"们上山共贺，左图为大家的留念合照。

昔日"老九"上山合影

出席站庆的嘉宾和单位有：省局、市局领导和本地区各县兄弟台站代表，市农委，县委领导，县农委，县工会，本站退休和调出的老同志，附近乡镇，县广播电视局，县电力公司，公路稽征所，赤水营业所，电管站，县邮电局，灵鹫岩寺、广钦寺（即仙峰寺）。省气象局局长叶榕生和泉州市原市长林大穆发来贺信。

站庆活动在地方上影响很大，大大推动了此后工作的开展，可谓圆满成功。

6. 德化县一位老音乐家所作的两首南音曲子

九仙情

（四）部分题词和留言

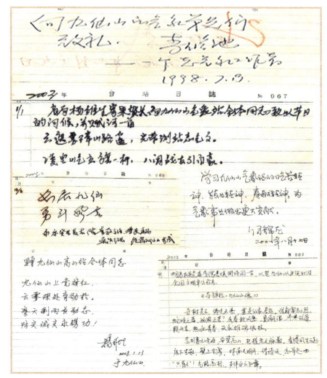

参考文献

《赤水镇志》编纂委员会，2011. 赤水镇志 [Z]. 泉州 .

德化县林业局，2016. 德化县林业志 [Z]. 德化：德化县林业局 .

德化县政协，1991. 德化文史资料第 12 辑 [M].

福建省气象局，1999. 福建气象五十年 [M]. 北京：气象出版社 .

福建省气象局，2013. 福建省基层气象台站简史 [M]. 北京：气象出版社 .

高时彦，2017. 气象往事 [M]. 北京：气象出版社 .

李栋，李效东，2006. 福建省九仙山气象站防雷整改措施 [J]. 气象水文海洋仪器（3）：
　12-14.

刘英金，孙健，刘燕辉，2006. 风雨兼程——新中国气象事业回忆录：第一集（1949—
　1978）[M]. 北京：气象出版社 .

王钰，黄少平，2008. 江西省地面气象台站沿革及其对观测资料序列均一性的影响 [J].
　气象与灾害研究，31（4）.

吴增祥，2006. 中国地面气象台站（1950—2004）沿革情况概述 [C]. 中国气象学会 2006
　年年会"气象史志研究进展"分会场论文集 . 北京：87-97.

张加春，2009. 天使之歌 [M]. 北京：气象出版社 .

中央气象局，1955. 气象观测暂行规范（地面部分）：气技 104 号 [Z] . 北京：中央气
　象局 .

附录一　1953 年气象单位由军转地方文件

福建省人民政府、中国人民解放军福建军区
关于气象科、台、站转移建制的规定

根据中央人民政府人民革命军事委员会暨中央人民政府政务院一九五三年八月一日所联合颁发之（53）联政政字第一一八号联合命令及华东军区于一九五三年九月六日所颁发之务字第三九三号命令略开："为使气象工作与经济建设密切结合，同时又能为国防建设服务，故特决定除海空军及防空部队之气象组织外，其余均由军事系统转建政府系统。"遵此，并根据上述二命令对转建工作之各项规定，本府、本军区对军区气象科及其所属各台、站之转建问题作如下具体规定。

一、根据中央军委及政务院联合命令中第一项规定的精神，决定将原属军区之气象科及其所属之福州气象台、厦门甲种气象预报站，三都乙种气象预报站，南平、浦城、武夷山、平潭、龙岩、永安等六个乙种气象站，福鼎、建阳、连城、沙县、长乐、龙溪等六个丙种气象站及现派驻水兵师之一个预报站，计共一个科十六个台、站统转省人民政府系统建制。

二、根据中央军委及政务院联合命令中第四项规定的精神，经省人民政府研究决定：上述气象机构在转为省府系统后，划归省府财政经济委员会第四办公室领导。气象科转建后之名称由省府另行决定之。气象科转建后对所属台、站的建制领导关系不变。但为便于尔后的工作，兹决定：在行政生活、政治生活、供给诸问题上，与转建后，除福州台、水兵师预报站由气象科直接负责外，其余分布在各地的十四个站，概由各该地的专署或市、县人民政府代领代管。由各该地专署或市、县人民政府中之财政经济委员会具体负责。具体决定如下。

厦门甲种气象预报站原由三十一军代管，转建后由厦门市政府代管。

三都乙种气象预报站原由气象科直接管理，转建后由福安专区宁德县人民政府代管。

浦城乙种气象站原由建阳军分区代管，转建后由建阳专区浦城县人民政府代管。

建阳丙种气象站原由建阳军分区代管，转建后由建阳专署代管。

永安乙种气象站原由永安军分区代管，转建后由永安专署代管。

南平乙种气象站、沙县丙种气象站原由南平军分区代管，转建后由南平专署代管。沙县站由迁移至崇武后，由晋江专区惠安县人民政府代管。

福鼎丙种气象站原由福安军分区代管，转建后由福安专署代管。

武夷山乙种气象站原由军区干部疗养院代管，转建后由建阳专区崇安县人民政府代管。

平潭乙种气象站原由气象科直接管理，转建后由闽侯专区平潭县人民政府代特。

龙溪丙种气象站原由龙溪军分区代管，转建后由龙溪专署代管。

龙岩乙种气象站、连城丙种气象站原由龙岩军分区代管，转建后由龙岩专署代管。连城站在迁移至东山后，由龙溪专区东山县人民政府代管。

长乐丙种气象站原由气象科直接管理，转建后闽侯专区长乐县人民政府代管。

三、根据中央军委及政务院联合命令中第三项规定，由于一九五三年的气象机构的各项经费预算均在军事系统内，因此，气象科及其所属各台、站的经费、供给，仍向原军区系统的领导单位和代管单位领报。各该领导单位或代管单位之后勤部门应对此切实负责，所缺者按制度补齐，该发者按标准发足。待一九五四年一月一日起，即改向政府系统领报。

四、根据中央军委及政务院联合命令中第二项规定："凡有军籍的军人转建后，按过去一般的转业干部同等看待，即暂时保留军籍，并同样评定军衔"。因军衔评定工作全军推迟，固暂不评定，待统一评定时，由军区干部部按转业干部军衔评定办法办理之。

五、根据中央人民政府财委会财农四二号电示规定："转建后所有干部及工作人员之生活待遇与政治待遇一律按待遇不变"。此规定如何具体实施，由省人民政府请示上级后另行颁布之。

六、气象科及其十六个台、站之建制关系的移交接收，统一由军区司令部、政治部代表军区一方，由省府财政经济委员会代表省府一方，各派适当人员会同办理之。交换集体事宜，另行签订文书。并于本年度十一月上旬前办理完毕。

七、各负责代管之单位不办理建制关系的移交、接收手续。但原负责代管之军区系统各单位，应在十一月中旬以前将所代管的气象站之行政生活、政治生活情况等介绍给本命令第二项中所指定的转建制后负责代管之政府系统各单位。政府系统之各单位应负责接受，并从即日起负代管责任。

八、根据华东军区命令中第五项规定，气象科、台、站现用之各项印信，自正式转建日起停止使用。并按颁发单位截角上交。胸章、帽徽则自一九五四年一月一日起停用，上交。干部档案材料由军区干部部转交省府有关部门。转建后之新印信及证明身份的证件统由省府另行颁发之。

九、根据中央军委及政务院联合命令中第五项规定之精神，决定今后军区系统所需之气象情报、资料，仍由转建后之省人民政府气象机构负责供给之。在未有重新决定前，其供给办法按现状不变。气象科、各气象台、站，不得因转建而擅自停止对军区系统之气象情报的供给。

十、无论军区系统或政府系统之各负责代管单位，均不得在转建前或转建后从所代管之气象站抽调任何人员、器材、武弹、装具、营房、营具。

此令

主　席　张鼎丞

司令员　叶　飞

兼政治委员　张鼎丞

一九五三年十月二十五日

附录二 1970 年气象单位由地方转军文件

中国人民解放军福州军区、福建省革命委员会
关于气象部门归属省军区为主领导的通知

闽革（70）综 157 号

根据"国务院、中央军委批转总参谋部（全国气象战备工作经验交流会议纪要）的通知"，为进一步落实战备，迅速地使气象工作适应国防建设和国民经济建设发展的形势，适应气象战线上国际阶级斗争的新形势，按照总理关于"国家气象局已拨归总参系统，各地应一律归军区为主管辖"的指示，并根据《纪要》中规定"省、市、自治区以下各级气象部门（省局、地台、县站），除建制仍属各级革命委员会外，其领导关系，实行由省军区（或大军区）、军分区、县（市）人民武装部和各级革命委员会的双重领导，并以军事部门为主。属于基本建设、财物经费、劳动工资、物资供应等计划，仍分别纳入各级革命委员会的各项计划"的精神，结合我省的具体情况，经研究决定将省气象站划归福建省军区为主领导；各地市气象台划归各军分区为主领导；各县、市气象站划归各县、市人民武装部为主领导。并自十二月一日起执行。特此通知。

福州军区

福建省革命委员会

一九七〇年十一月十日

附录三 1973年气象单位由军转地方文件

关于调整气象部门体制的通知

闽革〔1973〕33号

我省气象部门实行以军事部门为主的双重领导以来,在毛主席无产阶级革命路线指引下,在各级党委的领导下,思想建设、组织建设和业务建设以及为经济建设和国防建设服务的工作,取得了很大成绩,为了进一步加强地方和军队的气象工作,以适应经济建设和国防建设的需要,根据中共中央〔1973〕13号文件和国务院、中央军委一九七三年五月二十三日《关于调整气象部门体制的通知》精神,现对我省气象部门的体制问题通知如下:

省气象局归省革命委员会建制,由生产指挥部领导;地(市)、县气象部门划同级革命委员会建制,由生产指挥处(组)领导。各地(市)、县革命委员会和军分区(警备区、守备区)、县人武部接到通知后,应抓紧时间,共同做好交接工作。

地(市)、县革命委员会本着精简的原则,对气象台、站的领导干部和业务技术人员要尽快配齐配好。增加新任务的台、站,由省、地(市)根据实际情况统一调配人员。

体制调整后,地方和军队的气象部门之间,以及气象部门和各有关部门之间,要密切协作,做好工作,更好地为经济建设和国防建设服务。当前气候反常,尤其要认真做好灾害性的天气预报,努力提高预报质量。

在调整气象部门体制过程中,要坚持无产阶级政治挂帅,认真做好思想政治工作和组织工作,密切配合,爱护财物,注意节约。

福建省革命委员会

福建省军区

一九七三年七月十九日

站　史　赋

新中国伊始，台海对峙，硝烟频仍。闽地山耸，云遮雾绕，恐军机迷航撞山，乃择闽中仙山建站，瞰全闽风云，指点津迷。

仙山高千六，唯林径小途。徒手上山，时辰需二。披荆斩棘，筚路蓝缕，西历一九五五，三百平陋屋方成。十八芳华少年兵，居山测天始辛业。

居山何其难。

承天雨露，剁冰抱雪；砍柴烧碳，驱寒暖身；油灯相伴，孤夜长眠；湿潮侵体，百病追缠；风狂瓦飞，屋破星现；上垂天雷，毁物夺命；妻儿老小，相离苦心。然，心窝藏志，百折怎挠？

逐时观测，日夜不辍，风雨无阻，雷打不动。初摇机生电发报，六十年代架线电话口播，每遭恶风冰冻所断，即速沿线勘查，搭人梯现报现接，分秒不误。天恶物损，自研自修，不等不靠，担当好魄力。壬子一九七二初，于戴云和美湖深山，搭草寮测风云，助飞机安全播树种；丙子一九九六春，克服冰冻天，气象保障台海军演。关键时刻身心硬。

爱岗与敬业，不分时代皆楷模。丙午一九六六，《泉州报》诗歌首赞，壬子一九七二福建日报社、癸丑一九七三新华社，续添讴歌礼赞。通天虽无路，难遏记者足。

爱人者，人爱之。

戊午一九七八，中央气象局钟光荣等五人，上山建风力机，始见明光；己未一九七九，修通上山土公路。经络一开，生机立现。同年再建四百平楼房一座，地盘翻倍。癸亥一九八三，省长胡平光临；甲子一九八四，德化县委书记上山。此后各界关心纷至，人气日炽。

乙丑一九八五，建防雷铁塔五座；丁卯一九八七，通电通水；翌年建成甚高频中继站，无线通话，报鸿长翅；电视冰箱电褥等，爱心捐赠派用场；戊寅一九九八，装修换新颜；乙酉二〇〇五，中国气象局投资五十万元，防雷工程竣工，自此安宁少忧；丙戌二〇〇六，实现自动观测，风吹雨打苦尽；乙未二〇一五，楼房彻拆重建，己亥二〇一九，新楼落成，脱胎而换骨。

不躺安乐窝，科研续新航。一建雷电科研基地，揭雷窟之面纱；再建科普研学基地，传科学之宏光。

风云固生恶，亦藏世间美。云海浩瀚、佛光梦幻；凇白无垠、繁星璀璨；日出火红、霞光绚烂。美景唯仙山独厚，引游人如织。仙景服务，前景向好。真可谓：自添新业建新功，无须扬鞭自奋蹄。

七十春秋，栉风沐雨。而今仙山，新人辈出，辉煌永闯，矢志而不渝。

癸卯二〇二三秋